660MW 及以上等级火电机组
辅控运行题库

组　编　陕西商洛发电有限公司

主　编　党　军　汤培英

副主编　袁少东　姜　立　张　飞

参　编　任星泽　王　焱　姚兴龙

　　　　韩立权　刘　宇

中国电力出版社
CHINA ELECTRIC POWER PRESS

内容提要

本书为陕西商洛发电有限公司《660MW 超超临界机组培训教材》丛书的配套题库，根据培训教材丛书涉及的知识点，结合火力发电厂辅控运行培训的实际需要编写。主要内容包括：化学、脱硫、除灰、输煤及化验部分。题目涉及设备、系统原理、工艺流程、运行特性、异常处理及化验知识、技能等方面，题型分为填空题、选择题、问答题及计算题。

本书适合从事 660MW 及以上大型火力发电机组调试、运行等工作的工程技术人员学习或作为培训教材使用，也可供高等院校电力、能源动力类相关专业师生参考。

图书在版编目（CIP）数据

660MW 及以上等级火电机组辅控运行题库 / 陕西商洛发电有限公司组编；党军，汤培英主编 . —北京：中国电力出版社，2024.8
ISBN 978-7-5198-8308-9

Ⅰ . ① 6… Ⅱ . ①陕… ②党… ③汤… Ⅲ . ①火电厂–发电机组–仿真系统–电力系统运行–技术培训–教材 Ⅳ . ① TM621.3

中国国家版本馆 CIP 数据核字（2024）第 065698 号

出版发行：中国电力出版社
地　　址：北京市东城区北京站西街 19 号（邮政编码 100005）
网　　址：http://www.cepp.sgcc.com.cn
责任编辑：吴玉贤（010–63412540）
责任校对：黄　蓓　朱丽芳
装帧设计：赵姗姗
责任印制：吴　迪

印　　刷：三河市百盛印装有限公司
版　　次：2024 年 8 月第一版
印　　次：2024 年 8 月北京第一次印刷
开　　本：880 毫米 ×1230 毫米　32 开本
印　　张：7.625
字　　数：211 千字
定　　价：58.00 元

近年来，随着新能源的快速发展，电力装机结构中新能源占比逐步提高，由于风电、光伏等新能源发电存在波动性和间歇性，火电机组发电曲线发生根本性变化，主要体现在顶两个"高峰"（早高峰和晚高峰），保持最大发电负荷；支撑一个"低谷"，保持最小发电负荷，给新能源发电让出空间，充分体现火力发电机组作为电网压舱石和兜底保障作用，同时对火电机组运行人员提出更高的技术要求。为适应新的电力形势对运行人员的技术要求，陕西商洛发电有限公司编写了本套题库。题库分为《660MW及以上等级火电机组集控运行题库》《660MW及以上等级火电机组辅控运行题库》两册。

本书为陕西商洛发电有限公司《660MW超超临界机组培训教材》丛书的配套题库，根据教材丛书涉及的知识点，结合火力发电厂集控运行培训的实际需要编写。主要内容包括：化学部分、脱硫部分、除灰部分、输煤部分以及化验部分。题目涉及设备、系统原理、工艺流程、运行特性、异常处理及化验知识、技能等方面，题型分为填空题、选择题、问答题及计算题。

本分册由陕西商洛发电有限公司党军、汤培英、袁少东、姜立、张飞、任星泽、王焱、姚兴龙、韩立权、刘宇编写。在编写过程中，参阅了专业文献及相关电厂、研究院校和高等院校的技术资料、说明书等，得到陕西商洛发电有限公司领导及相关专业技术人员的大力支持和帮助，在此一并表示衷心的感谢。

由于编者水平所限和编写时间紧迫，书中疏漏之处在所难免，敬请读者批评指正。

编者

2024 年 7 月

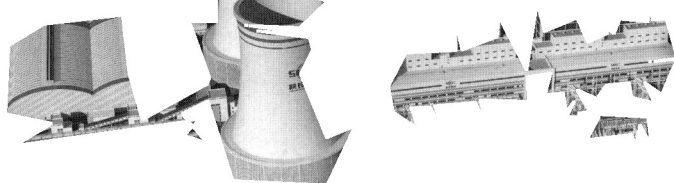

前言

第五篇　　化验部分

化学部分

第一章

填空题

1. 电阻率的倒数是电导率。

2. 浊度和透明度都是水溶液的光学性质。

3. pH 值越小，说明氢离子浓度越大，其值等于氢离子浓度的负对数。

4. 0.01mol/L 氢氧化钠溶液的 pH 值等于 12。

5. 0.01mol/L 盐酸溶液的 pH 值等于 2。

6. 由于 NaOH 易吸收空气中的 CO_2，所以在 NaOH 溶液中，常含有少量的碳酸钠。

7. 当水的 pH $\geqslant$ 8.3 时，表明水中不存在 CO_2。

8. 水的 pH 值小于 4 时，水中的碳酸化合物只有游离 CO_2，没有其他碳酸盐。

9. 火电厂中将热能转化为机械能的媒介物质叫工质。

10. 在温度恒定时，一定量气体的体积与其压力成反比，用公式概括为 $pV=nRT$，其中 n 为物质的量，R 为常数，T 为热力学温度。

11. 水温升高，水的电离度增大，H^+ 和 OH^- 的数目增多，同时水的黏度减小，使离子迁移速度加快。

12. 水在火力发电厂的生产过程中，主要起到工作介质和冷却介质的作用。

13. 离心式水泵出口流量或压力常用的调节方式是节流调节，其缺点是不经济。

14. 泵及转动设备大修完毕应先手动盘车后送电试转。

15. 工业"三废"是指在工业生产过程中所产生和排放的<u>废水</u>、<u>废气</u>和<u>废渣</u>。

16. 工业废水按来源和发生频率分为<u>经常性废水</u>和<u>非经常性废水</u>。

17. 生活污水中的主要污染因子是<u>生物需氧量</u>和<u>油类</u>。

18. 中水主要是指城市污水和生活污水经过处理后达到一定的水质标准，可在一定范围内重复使用的非饮用水，也称为<u>再生水</u>。

19. 中水回用水质主要指标有<u>细菌总数</u>、<u>大肠杆菌群数</u>、<u>余氯</u>、<u>悬浮物</u>、<u>生物需氧量</u>、<u>化学耗氧量</u>。

20. 水的硬度，一般是指水中钙、镁离子的总浓度。水的硬度可分为两大类，即<u>碳酸盐硬度</u>，也称作<u>暂时硬度</u>；<u>非碳酸盐硬度</u>，也称作<u>永久硬度</u>。

21. 火力发电厂锅炉用水，不进行净化处理或处理不当，将会引起热力系统设备的<u>结垢和腐蚀</u>、过热器和汽轮机流通部分<u>积盐</u>等危害。

22. 天然水中的杂质，按其颗粒大小的不同，通常可分为<u>悬浮物</u>、<u>胶体</u>和<u>溶解物质</u>三大类。

23. 天然水可分为<u>地下水</u>和<u>地表水</u>。

24. 当原水中有机物含量较高时，应先对原水进行<u>氯化处理</u>。

25. 水中无机胶体主要是<u>铁</u>、<u>铝</u>和<u>硅</u>的化合物。

26. 聚丙烯酰胺是水处理常用的<u>助凝剂</u>。

27. 水的氯化处理就是向水中投加<u>氯</u>或<u>其化合物</u>，以杀死其中微生物的处理过程。

28. 影响混凝处理的主要因素有<u>水温</u>、<u>pH 值</u>、<u>加药量</u>、<u>原水中的杂质</u>和<u>接触介质</u>。

29. 石灰软化处理主要是消除水中钙、镁的<u>碳酸氢盐</u>，使水中的<u>碱度</u>和<u>硬度</u>都有所降低。

30. 水的沉淀处理设备可分为<u>沉淀池</u>和<u>澄清池</u>两大类。

31. 无阀滤池由<u>滤池本体</u>、<u>进水装置</u>和<u>虹吸装置</u>三部分组成。

32. 过滤过程中的两个作用是<u>机械筛分</u>和<u>接触凝聚</u>。

33. 影响过滤运行的因素主要有<u>滤料</u>、<u>滤速</u>、<u>水头损失</u>、<u>水流</u>

均匀性和反洗效果。

34. 常用的滤料有石英砂、无烟煤和大理石。

35. 水处理中广泛使用的吸附剂是活性炭。

36. 活性炭主要除去水中的余氯和有机物。

37. 滤料应具备以下条件：良好的化学稳定性、良好的机械强度、粒度适当。

38. 树脂"粒度"的两个重要指标是有效粒径和均一系数。

39. 过滤器的运行周期分为过滤、反洗、正洗三个步骤。

40. 常用的混凝剂可分为两大类，一类是铝盐，另一类是铁盐。

41. 助凝剂本身不能起混凝作用。

42. 为了满足超滤装置对进水水质的要求，一般在其前面设有自清洗过滤器。

43. 超滤膜进水侧与产品水侧之间的压力差称为透膜压差或跨膜压差，它能反映膜表面的污染程度。

44. 通常当原水浊度≤ 5NTU，悬浮物≤ 5mg/L 时，超滤宜采用错流过滤方式；

45. 超滤化学清洗中通常使用的药品有盐酸、烧碱、次氯酸钠。

46. 反渗透装置停运时间超过 7 天时，应采用加还原剂保养。

47. 反渗透膜的分离透过性能主要有脱盐率、回收率、水通量和流量衰减系数。

48. 水通过反渗透膜后，膜界面中含盐量增大，形成较高的浓水层，此层与给水水流的浓度形成很大的浓度梯度，这种现象称为膜的浓差极化。

49. 反渗透预脱盐系统主要用于除去水中的溶解固形物。

50. 反渗透系统进口加入阻垢剂的目的是防止反渗透膜浓水侧结垢。

51. 反渗透运行中应保证进水 OR ≤ 200mV，SDI ≤ 3.0。

52. 反渗透进水温度和产水量基本成正比，运行中宜保持在 20 ～ 25℃的范围。

53. 反渗透膜在任何情况下所承受的背压不得高于 0.07MPa，通常在产水管道上设置止回阀。

54. 为了恢复反渗透膜元件的初始性能，需要对膜元件进行化学清洗。

55. 反渗透膜元件必须正确处理和保存，以防止系统停运和长期保存期间微生物滋生或膜性能发生变化。

56. 新反渗透膜元件的保存和运送一般储存于保护液中，保护液为 1% 的亚硫酸氢钠与 20% 的甘油。

57. 反渗透膜元件的水通量越大，回收率越高，膜表面浓缩的程度就越高。

58. 反渗透在投运前必须进行低压冲洗。

59. GB/T 12145—2016《火力发电机组及蒸汽动力设备水汽质量》规定，对于超临界及以上机组，锅炉补给水的质量标准为除盐水箱进水电导率（25℃）≤ 0.15μS/cm、除盐水箱出口电导率（25℃）≤ 0.40μS/cm、二氧化硅≤ 10μg/L、TOCi ≤ 200μg/L。

60. 离子交换树脂根据其所带活性基团的性质，可分为阳离子交换树脂和阴离子交换树脂。

61. 离子交换树脂按孔型的不同，可分为凝胶型和大孔型两大类。

62. 常用离子交换树脂，根据其单体的种类分为苯乙烯系和丙烯酸系。

63. 我国常用的强酸性苯乙烯系阳离子交换树脂型号为 001×7、强碱性苯乙烯系阴离子交换树脂型号为 201×7。

64. 树脂的颗粒越小，交换速度就越快。

65. 离子交换树脂的交联度越大，网孔越小，交换速度就越慢。

66. 离子交换树脂的交联度越大，耐磨性就越好。

67. 离子交换树脂的交联度越小，溶胀率就越大。

68. 强碱性阴树脂若要除硅彻底应首先排除 OH^- 的干扰。

69. 为了有利于除硅，阴树脂必须是强碱性，再生剂常采用 NaOH。

70. 酸耗、碱耗的单位是 g/mol。

71. 阳离子交换树脂每交换 1mol 阳离子所需的酸的克数叫酸耗。

72. 除盐设备中树脂的污染主要是由无机物或有机物渗入树脂结构内部造成的。

73. 装入新树脂的离子交换设备，在使用前一般对新树脂进行处理，其处理步骤是用食盐、稀盐酸溶液和 NaOH 溶液分别进行处理。

74. 离子交换器运行中，内部的树脂依次可以分为失效层、交换层和保护层。

75. 树脂的交换容量一般有全交换容量、工作交换容量、平衡交换容量。

76. 离子交换树脂所包含的所有活性基团的总量，称为全交换容量。

77. 固定床的再生高度三要素为再生时间、再生流速、再生浓度。

78. 逆流再生阳离子交换器中的压脂层，经常处于失效状态。

79. 离子交换树脂的活性基团越易电离，树脂的溶胀率就越大。

80. 强酸性阳树脂的溶胀率大于弱酸性阳树脂的溶胀率。

81. 交换容量高的树脂，其溶胀率大。

82. 阳离子交换器再生后进行正洗的目的是清除其中过剩的再生剂和再生产物。

83. 逆流再生交换器的中间排水装置装在压脂层和树脂之间。

84. 离子交换树脂的化学性能有可逆性、酸碱性、中和与水解、选择性、交换容量。

85. 离子交换树脂的可逆性是离子交换树脂可以反复使用的重要性质。

86. 离子交换设备再生时常用的药品为盐酸、烧碱。

87. 离子交换器反洗的目的是松动交换剂层、清除交换剂上层的悬浮物、排除碎树脂和树脂层中的气泡。

88. 阳床、阴床大反洗后树脂再生用酸碱量为正常用量的两倍。

89. 混床的中间排水装置应有足够的强度，以防运行和反洗时瞬间托力而损坏。

90. 干树脂开始浸润时不宜用纯水浸泡，一般常用饱和食盐水浸泡，以防树脂因溶胀过大而破裂。

91. 卸酸、碱时，应准备好急救药品 0.5% 碳酸氢钠、2% 稀硼酸及 1% 醋酸。

92. 卸酸（碱）时，如果有酸（碱）漏在地面上，应立即用大量水冲洗干净，再中和处理。

93. 尿素溶液、氨气、碱管道通常需要伴热，其目的是防止结晶。

94. EDI 装置投运时要先通水，再给模块整流器通电。

95. EDI 电除盐技术的核心是以离子交换树脂作为离子迁移的载体，以阳膜和阴膜作为控制阳离子和阴离子通过的关卡，在直流电场推动下，实现盐与水的分离。

96. EDI 装置运行中要求各路水压大小依次为进水＞产水＞浓水侧进水＞浓水侧排水。

97. 精处理体外再生系统主要包括"三塔"，即分离塔、阳塔和阴塔。

98. 高速混床进脂阀除了进树脂外，还有进水的作用。

99. 金属表面和其周围介质发生化学和电化学作用，本身遭到破坏的现象称为腐蚀。

100. 钢铁受到的氧腐蚀是一种电化学腐蚀，钢铁是阳极，氧是阴极。

101. 水汽系统中常有氧腐蚀、沉积物下腐蚀、水蒸气腐蚀、苛性脆化、流动加速腐蚀、疲劳腐蚀等形式的腐蚀。

102. 在热力系统中最容易发生游离 CO_2 腐蚀的部位是凝结水系统和疏水系统。

103. 给水系统中最容易发生的金属腐蚀是氧腐蚀，其特征是溃疡腐蚀，在金属表面形成鼓包和蚀坑现象。

104. 给水系统中的氧腐蚀主要发生在给水管道和省煤器部位。

105. 给水除氧常用的方法为热力除氧。

106. 调整锅炉凝结水、给水 pH 值的方式为采用计量泵将氨水加入系统中，加入点为高速混床出口和除氧器下降管两处。

107. 水汽系统加氨的目的是中和水中的二氧化碳，提高给水 pH 值，加氧的目的是使金属表面形成特殊的氧化保护膜。

108. 汽轮机凝结器结垢严重时，会使汽轮机出力降低，凝汽器真空下降。

109. 锅炉水冷壁管结垢后，可造成传热减弱，管壁温度升高。

110. 在临界温度时，使气体液化的压力称临界压力。热力发电厂把蒸汽压力为 17.0 ～ 21.0MPa 的压力称为亚临界压力，在 22.5MPa 以上的称为超临界压力。

111. 火力发电厂严格控制给水水质是保证直流锅炉安全运行的重要条件之一。

112. 对凝结水经常监督的项目是硬度、溶解氧、氢电导率、Na，精处理后监督的项目是氢电导率、电导率、Na^+、二氧化硅、铁、氯离子。

113. 给水 AVT（O）（氧化性全挥发处理）运行工况下，给水加氨应控制给水 pH 值为 9.2 ～ 9.6。

114. 直流锅炉采用 OT（给水加氧）方式处理时要求给水氢电导率 < 0.15μS/cm。当溶解氧控制在 10 ～ 30μg/L 时，pH 值要求为 9.0 ～ 9.3；当溶解氧控制在 30 ～ 150μg/L 时，pH 值要求为 8.5 ～ 9.3。

115. 超超临界机组主蒸汽中含钠量要求 ≤ 2μg/L，给水含硅量 ≤ 10μg/L。

116. 水内冷发电机冷却水的水质监督项目主要是电导率、铜和 pH 值。

117. 主蒸汽的含铜量应控制在 ≤ 2μg/L。

118. 超超临界及以上机组凝结水氢导大于 0.20μS/cm，应进行一级处理。

119. 机组启动初期，凝结水含铁量超过 1000μg/L 时，直接排放，不进入凝结水精处理装置。

120. 直流炉机组启动热态冲洗阶段，当启动分离器排水铁 $\leq 100\mu g/L$，硅 $\leq 100\mu g/L$，热态冲洗合格。

121. 机组启动中，当主蒸汽品质达到铁 $\leq 50\mu g/L$、铜 $\leq 15\mu g/L$、二氧化硅 $\leq 30\mu g/L$、钠离子 $\leq 20\mu g/L$、氢电导率 $\leq 0.5\mu S/cm$ 时，通知值长，可以进行汽轮机冲转。

122. 给水采用加氨处理和加氧处理的机组，停炉检修时间为 6 天，可以进行氨水碱化烘干法保养：停炉前 4h 提高凝结水、给水加氨量，使其 pH 值达到 9.6～10.5，热炉放水，余热烘干。

123. 机组热力设备防锈蚀保护方法选择的基本原则是：机组的参数和类型、给水处理方式、停（备）用时间的长短和性质、现场条件、可操作性和经济性。

124. 锅炉化学清洗前必须考虑锅炉结构、金属材料、清洗药品、清洗用水、加热用蒸汽、废水处理等几方面的问题。

125. 清除锅炉热交换器受热面上所形成的附着物和水垢的一般方法有物理、化学和机械清除等。

126. 氢气的导热系数大，是一种很好的冷却介质。

127. 储氢系统采用中间介质置换法顺序为空气→氮气→氢气；氢气→氮气→空气。

128. 氢气系统的阀门应缓慢操作，防止氢气急剧放出，引起管道设备的燃烧或爆炸。

129. 氢气爆炸极限是 4%～75%。

130. 辅机冷却水加缓蚀阻垢剂（稳定剂）通常是以总磷含量为标准来调整加药量的。

选择题

1. 溶液的摩尔浓度是指（ C ）。

    A. 1mL 溶液中所含溶质的摩尔数

    B. 10mL 溶液中所含溶质的摩尔数

    C. 1L 溶液中所含溶质的摩尔数

    D. 1L 溶液中所含溶质的质量

2. 工业用盐酸常因含（ A ）而显黄色。

    A. Fe^{3+} B. Ca^{2+} C. Al^{3+} D. Mg^{2+}

3. 加热对盐类的水解（ A ）。

    A. 有促进作用   B. 不受影响

    C. 有降低作用   D. 不一定有作用

4. 当溶液中同时存在 Ag^+ 和 Cl^- 时，产生沉淀的条件为（ B ）。

    A. $[Ag^+]>[Cl^-]>K_{sp}$（AgCl）

    B. $[Ag^+] \cdot [Cl^-]>K_{sp}$（AgCl）

    C. $[Ag^+] \cdot [Cl^-]<K_{sp}$（AgCl）

    D. $[Ag^+]+[Cl^-]>K_{sp}$（AgCl）

5. 在水中不能共存的离子是（ A ）。

    A. OH^- 和 HCO_3^- B. CO_3^{2-} 和 HCO_3^-

    C. Ca^{2+} 和 OH^- D. OH^- 和 CO_3^{2-}

6. 当溶液的 pH 增加 1 时，其 H^+ 的浓度（ D ）。

    A. 增加 1 倍   B. 减小 1 倍   C. 增加 10 倍   D. 减少 10 倍

7. 属于两性氧化物的是（ A ）。

    A. Al_2O_3 B. CuO C. K_2O D. Na_2O

8. 外界压力增加时，液体的沸点会（ C ）。

    A. 降低   B. 不变   C. 增高   D. 不确定

9. 浓硫酸溶解于水时（ C ）。

    A. 会吸热   B. 其溶液温度不变

    C. 会放热   D. 不确定

10. 同一浓度的溶液，若温度不同，其电导率（ A ）。

    A. 也不一样   B. 不受影响   C. 影响甚微   D. 不确定

11. 绝对压力 p 与表压 p_g、环境压力 p_0 的关系是（ A ）。

    A. $p = p_g + p_0$ B. $p = p_g - p_0$

    C. $p = p_0 - p_g$ D. $p = p_g / p_0$

12. 溶液的 pH 值是溶液的（ D ）的量度。

    A. 酸度   B. 碱度   C. 盐度   D. 酸碱度

13. 将 pH=1.00 的 HCl 溶液和 pH=2.00 的 HCl 溶液等体积混合后，溶液的 pH 值为（ C ）。

    A. 1.5   B. 3.00   C. 1.26   D. 2.00

14. 下列溶液中呈酸性的有（ C ）。

    A. $[H^+]<10^{-8}$ B. $[H^+]=[OH^-]$

    C. $[OH^-]<10^{-8}$ D. pH=10

15. 当 pH 值大于 8.3 时，水中不存在（ A ）。

    A. CO_2 B. HCO_3^- C. CO_3^{2-} D. OH^-

16. 化学耗氧量表示水中有机物折算成（ B ）的量。

    A. 高锰酸钾   B. 氧   C. 碘   D. 重铬酸钾

17. 使空气中水蒸气刚好饱和时的温度称为（ D ）。

    A. 湿度   B. 相对湿度   C. 绝对湿度   D. 露点

18. 化学加药计量泵的行程可调节范围一般应为（ D ）。

    A. 10%～50%   B. 50% 左右

    C. 50%～80%   D. 20%～80%。

19. 不锈钢泵不能输送（ A ）。

    A. 盐酸   B. 氢氧化钠   C. 阳床出水   D. 阴床出水

20. 发电厂接触（ C ）的设备系统中，不能用铜质材料。

    A. 稀硫酸   B. 烧碱   C. 氨   D. 氢气

21. 罗茨风机在启动前往往要预启动，其作用是（ C ）。

 A. 使罗茨风机预热

 B. 使风管增压

 C. 去除管中可能存在的杂质

 D. 防止罗茨风机发生过电流现象

22. 浓酸、浓碱一旦溅到眼睛或皮肤上，首先应采取（ D ）的方法进行救护。

 A. 稀 HCl 中和   B. 醋酸清洗

 C. 稀 NaOH 清洗   D. 大量清水清洗

23. 氢气和空气的混合气中，当氢气含量在爆炸极限范围内时，有发生爆炸的危险。如果氢气浓度低于或高于此范围时（ A ）。

 A. 不会发生爆炸   B. 能发生爆炸

 C. 很可能发生爆炸   D. 不确定能否发生爆炸

24. 为防止可能发生的爆炸，在制氢设备上敲打时，必须使用（ B ）工具。

 A. 碳钢   B. 铜质   C. 合金   D. 不锈钢

25. 冬季开启冻住的氢系统阀门时，可以用（ A ）。

 A. 蒸汽化冻   B. 电焊化冻

 C. 气焊化冻   D. 远红外加热化冻

26. 制水设备气动门用气的压力不应小于（ C ）MPa。

 A. 0.2   B. 0.6   C. 0.4   D. 0.8

27. 废水的深度处理常用（ A ）。

 A. 生物氧化法   B. 中和法   C. 化学混凝法   D. 活性炭吸附

28. 废水排放的 pH 值标准为（ A ）。

 A. 6～9   B. 5～7   C. 10.5～11   D. 9～11

29. 一般生活污水在曝气池（ B ）天左右就出现活性污泥絮体。

 A. 3   B. 7   C. 15   D. 30

30. 天然水中杂质按（ A ）可分为悬浮物、胶体和溶解物三大类。

 A. 颗粒大小   B. 存在状态   C. 水质标准   D. 溶解特性

31. 氯的杀菌能力受水的（ A ）影响较大。

 A. pH 值   B. 碱度   C. 温度   D. 浊度

32. 负硬水的特征是水中（ C ）。

    A. 硬度大于碱度   B. 硬度等于碱度

    C. 硬度小于碱度   D. 碱度等于零

33. 原水经石灰处理后，非碳酸盐硬度不变，碳酸盐硬度（在没有过剩碱度的情况下）降至（ C ）残留碱度。

    A. 大于   B. 小于   C. 等于   D. 不等于

34. 澄清是利用凝聚沉淀分离的原理使水中（ B ）杂质与水分离的过程。

    A. 溶解性   B. 非溶解性   C. 腐蚀性   D. 挥发性

35. 影响混凝处理效果的因素有水温、水的 pH 值、水中的杂质、接触介质和（ B ）。

    A. 杂质颗粒大小   B. 加药量

    C. 水量大小   D. 杂质颗粒形状

36. 原水通过混凝过滤处理后，有机物（以 COD_{Mn} 表示）一般可去除（ B ）。

    A. 10%～20%   B. 40%～60%

    C. 20%～30%   D. 80%

37. 机械搅拌加速澄清池的加药位置一般在（ A ）。

    A. 进水管道中   B. 第一反应室

    C. 第二反应室   D. 混合区

38. 在机械搅拌加速澄清池停用 4h 内（ B ）不应停止，以免造成设备损坏。

    A. 搅拌机   B. 刮泥机   C. 加药   D. 连续排污

39. 沉淀池主要除去水中的（ C ）。

    A. 有机物   B. 胶体   C. 悬浮物   D. 各种离子

40. 原水经过沉淀－混凝过滤处理后，（ B ）不会减小。

    A. 胶体硅   B. 含盐量   C. 悬浮物   D. 有机物

41. 在水流经过滤池的过程中，对水流均匀性影响最大的是（ B ）。

    A. 滤层高度   B. 配水装置   C. 进水装置   D. 滤料的配比

42. 活性炭过滤器应用于水处理工艺中最主要的作用是（ C ）。

    A. 除胶体物质   B. 除去悬浮物

　　C. 脱氯和除去有机物　　　　D. 脱色

43. 通过反洗，滤料的粒径总是自上而下地逐渐增大，这是（ B ）的作用。

　　A. 水力冲刷　　B. 水力筛分　　C. 滤料相互摩擦　　D. 重力

44. 滤池运行一段时间后，当水的压头损失达到一定值时就应进行（ B ）操作。

　　A. 正洗　　　　B. 反洗　　　　C. 排污　　　　　D. 水冲洗

45. 超滤设备运行时的水反洗是以监督（ B ）达到规定要求时进行的。

　　A. 出口流量　　B. 透膜压差　　C. 产品水电导　D. 回收率

46. 反渗透膜渗透的特点是（ D ）。

　　A. 只容许透过阳离子　　　　　B. 只容许透过阴离子

　　C. 只透过溶质，不透过水　　　D. 只透过水，基本不透过溶质

47. 反渗透装置进水余氯含量极限值应不超过（ A ）mg/L。

　　A. 0.1　　　　B. 0.2　　　　C. 0.3　　　　D. 0.5

48. 回收率是反渗透系统设计与运行的重要参数，回收率增加，则反渗透的浓水含盐量（ A ）。

　　A. 增加　　　　B. 减少　　　　C. 不变化　　　D. 不确定

49. 进入卷式反渗透装置的水，必须经过较为严格的预处理，使其污染指数小于（ D ）。

　　A. 1　　　　　B. 10　　　　　C. 8　　　　　D. 3

50. 反渗透出口水 pH 值一般为（ B ）。

　　A. 4～5　　　　B. 6 左右　　　C. 8～9　　　　D. 10～11

51. 反渗透的进水中通常加入盐酸，是为了防止（ B ）。

　　A. 硫酸盐结垢　　　　　　　　B. 碳酸盐结垢

　　C. 微生物污染　　　　　　　　D. 金属氧化物结垢

52. 反渗透的产水量随入口水温度的升高而（ B ）。

　　A. 不变　　　　B. 增加　　　　C. 降低　　　　D. 为对数关系

53. 反渗透装置停用 5 天以内时，应采用（ A ）保护反渗透膜。

　　A. 定期水冲洗　B. 次氯酸钠　　C. 福尔马林　　D. 放水排空

54. 二级反渗透运行中进水 pH 值一般要求范围为（ C ）。
    A. 6.5～7.5   B. 7.5～7.8   C. 8.0～8.5   D. 8.5～9.0

55. 某种树脂的型号为 001×7，这里 "7" 表示（ D ）。
    A. 树脂密度   B. 树脂含水量 C. 树脂孔隙率 D. 树脂交联度

56. 001×7 型树脂是（ A ）。
    A. 强酸阳离子交换树脂   B. 弱酸阳离子交换树脂
    C. 强碱阴离子交换树脂   D. 弱碱阴离子交换树脂

57. 树脂的湿视密度一般为（ C ）g/mL。
    A. 1.0～1.1   B. 0.9～1.0   C. 0.60～0.85 D. 0.5～0.4

58. 交换器填装树脂的量常用交换器填装数值的体积和（ C ）乘积
    计算。
    A. 干真密度   B. 湿真密度
    C. 湿视密度   D. 工作交换容量

59. 提高交换器中全部离子交换剂交换能力可通过（ D ）来实现。
    A. 提高树脂层高度   B. 提高水流速
    C. 增大交换剂粒度   D. 提高水流温度

60. 逆流再生固定床在再生过程中，为防止树脂乱层，从交换器顶
    部送入压缩空气，气压应维持在（ B ）MPa。
    A. 0～0.03   B. 0.03～0.05
    C. 0.06～0.08   D. 大于 0.08

61. 当强酸阳离子交换树脂由 Na 型变成 H 型时，或当强碱阴离子
    交换树脂由 Cl^- 型变成 OH^- 型时，其体积会（ A ）。
    A. 增大   B. 不变   C. 缩小   D. 或大或小

62. 补给水处理系统强碱阴离子交换树脂一般可耐受的最高温度是
    （ B ）℃。
    A. 100   B. 60   C. 150   D. 30

63. 逆流再生过程中，压实层树脂在压实情况下，厚度一般维持在
    中间排水管上（ B ）mm。
    A. 0～50   B. 150～200   C. 250～350   D. 100

64. 在除盐设备前设置预脱盐设备，除盐设备的酸、碱耗（ C ）。
    A. 降低   B. 增加

C. 不变　　　　　　　　　　D. 酸耗降低，碱耗不变

65. 阳离子交换树脂用食盐水再生，水经过这样的交换树脂软化处理后，水的碱度（ B ）。

A. 增大　　　　B. 不变　　　　C. 减小　　　　D. 等于零

66. 阳床入口水氯离子含量增大，则其出口水酸度（ A ）。

A. 增大　　　　B. 减小　　　　C. 不变　　　　D. 为零

67. 一级除盐系统中，阴床运行出水 pH 值突然迅速升高，其原因是（ A ）。

A. 阳床失效　　　　　　　　B. 阴床失效

C. 阴、阳床同时失效　　　　D. 任意一个失效

68. 强碱 OH 型树脂失效时，会出现（ B ）。

A. pH 值下降，SiO_2 上升，电导离上升

B. pH 值下降，SiO_2 上升，电导率先略微下降后上升

C. pH 值下降，SiO_2 下降，电导率先略微下降后上升

D. pH 值下降，SiO_2 上升，电导率先略微上升后下降

69. 混床再生好坏的关键是（ A ）。

A. 树脂分层彻底　　　　　　B. 阴阳树脂再生彻底

C. 树脂清洗彻底　　　　　　D. 混脂良好

70. 对于强酸阳离子交换树脂，在正常运行过程中，对下列阳离子选择性顺序为（ C ）。

A. $Na^+ > K^+ > Mg^{2+} > Ca^{2+}$　　B. $Mg^{2+} > Ca^{2+} > K^+ > Na^+$

C. $Ca^{2+} > Mg^{2+} > K^+ > Na^+$　　D. $Na^+ > Ca^{2+} > Mg^{2+} > K^+$

71. 阴离子交换树脂受有机物污染后，常用（ D ）进行复苏，效果较好。

A. 盐酸　　　　　　　　　　B. 食盐溶液

C. 氢氧化钠溶液　　　　　　D. 食盐溶液和氢氧化钠溶液

72. 离子交换器失效后再生，再生液流速一般为（ C ）m/h。

A.1～3　　　B.8～10　　　C.4～6　　　D.8～15

73. 下列酸中对硅酸盐垢溶解能力最强的是（ C ）。

A. 盐酸　　　B. 硫酸　　　C. 氢氟酸　　　D. 硝酸

74. 阳床失效后，最先穿透树脂层的阳离子是（ C ）。

    A. Fe^{3+} B. Ca^{2+} C. Na^+ D. Mg^{2+}

75. 能有效去除水中硅化合物的是（ B ）。

    A. 强酸阳树脂 B. 强碱阴树脂 C. 弱碱阴树脂 D. 弱酸阳树脂

76. 阴离子交换树脂受污染后，出现一些特征，下面叙述错误的是（ D ）。

    A. 树脂的交换容量下降   B. 树脂的颜色变深

    C. 再生后正洗时间延长   D. 出水显碱性

77. 阴离子交换器失效时，出水最先增大的阴离子是（ C ）。

    A. SO_4^{2-} B. Cl^- C. $HSiO_3^-$ D. HCO_3^-

78. 弱碱阴离子交换树脂在 pH 值（ A ）的范围内才具有较好的交换能力。

    A. 0～7   B. 7～14   C. 1～14   D. 6～9

79. 因强碱阴离子交换树脂对 Cl^- 有较大的（ C ）使 Cl^- 不仅易被树脂吸附，而且不易洗脱。

    A. 附着力   B. 交换力   C. 亲合力   D. 化学力

80. 用盐酸做逆流再生的强酸阳离子交换树脂的再生剂，其再生比耗为（ B ）。

    A. 1.05～1.20 B. 1.1～1.5   C. 2～3   D. 1

81. 强碱阴离子交换树脂氧化变质的表现之一是强碱交换基团的数量（ A ）。

    A. 减少   B. 先减少后增多

    C. 增多   D. 不变

82. 交换器的运行，实质上是其中交换剂的（ B ）自上而下不断移动的过程。

    A. 失效层   B. 工作层   C. 保护层   D. 压实层

83. 为便于阴阳树脂分层，混床用的阳树脂和阴树脂的湿真密度之差应为（ C ）。

    A. 5%～10%   B. 10%～15%

    C. 15%～20%   D. 20%～25%

84. 再生强酸阳离子交换剂时，所用再生剂最好是（ C ）。

    A. H$_2$SO$_4$　　　　B. HNO$_3$　　　　C. HCl　　　　D. CH$_3$COOH

85. 阴、阳离子交换树脂受铁、铝等金属离子污染中毒后，必须用（ B ）进行处理。

    A. 空气擦洗法　B. 酸洗法　　　C. 碱洗法　　　D. 除盐水反洗

86. 以下树脂中，（ C ）树脂最容易发生化学降解而产生胶溶现象。

    A. 强酸性　　　B. 弱酸性　　　C. 强碱性　　　D. 弱碱性

87. 逆流再生离子交换器压实层树脂的作用是（ C ）。

    A. 使制水均匀　　　　　　　B. 备用树脂

    C. 防止再生时乱层　　　　　D. 反洗时不易跑树脂

88. EDI 模块的工作电流与（ C ）没有关系。

    A. 水中离子浓度　　　　　　B. 水的回收率

    C. 水中溶解气体　　　　　　D. 水温

89. 下列哪一项不属于 EDI 模块发生极化的原因（ D ）。

    A. 外加电流密度超过了极限电流密度

    B. 膜存在对阳离子与阴离子的选择性透过差异

    C. 膜表面存在滞流层，使膜表面处离子得不到及时补充

    D. 过高的回收率

90. EDI 模块运行中要求各处水压关系为（ A ）。

    A. 给水＞产出＞浓进＞浓出　　B. 给水＞浓进＞浓出＞产出

    C. 给水＞浓进＞产出＞浓出　　D. 浓进＞给水＞浓出＞产出

91. 下列情况下，不需要对 EDI 模块进行电再生的是（ D ）。

    A. 化学清洗后的模块　　　　B. 较长时间停运的模块

    C. 新安装的模块　　　　　　D. 要停运的模块

92. 为了 EDI 有效工作，浓水电导率应控制在（ B ）μS/cm。

    A. 50～150　　B. 150～600　C. 600～750　D. 750～900

93. 精处理前置过滤器的滤料是（ C ）。

    A. 石英砂　　　B. 无烟煤　　　C. 聚丙烯纤维　D. 塑料球

94. 阴阳再生塔擦洗时，一般将水位降至树脂层上面约（ B ）处。

    A. 100mm　　　B. 200mm　　　C. 300mm　　　D. 400mm

95. 精处理混床再生过程中碱再生液的温度应控制为（ C ）。
    A. 25℃　　　　B. 30℃　　　　C. 35℃　　　　D. 40℃

96. 精处理混床再生过程中碱再生液的浓度应控制为（ A ）。
    A. 3%～5%　　B. 4%～5%　　C. 3%～6%　　D. 4%～6%

97. 关于精处理混床再生系统流程不正确的是（ B ）。
    A. 失效树脂先输送至分离塔
    B. 树脂在分离塔分层界面清晰后，也可以先输送阳树脂
    C. 树脂在阴阳再生塔再生合格后，阴树脂输送至阳塔
    D. 再生好的混床树脂，应存放在阳再生塔储存

98. 关于分离塔的作用，不正确的是（ D ）。
    A. 在分离塔内擦洗树脂除去腐蚀产物
    B. 通过水反洗使阴、阳树脂分离
    C. 暂时储存未完全分开的"界面树脂"以待下次分离
    D. 分层明显后，可以将部分混脂层进行输送

99. 不属于凝结水精处理较为常见的树脂分离技术的是（ D ）。
    A. 中间抽出法　　　　　　　B. 锥形分离法
    C. 完全分离法（高塔法）　　D. 体内再生法

100. 分离塔树脂分层后（ A ）。
    A. 先输出阴树脂　　　　　　B. 先输出阳树脂
    C. 阴阳树脂一同输出　　　　D. 以上输出方式均可

101. 下列哪一项不是高速混床采用体外再生的原因（ D ）。
    A. 简化高速混床内部结构，便于高速运行
    B. 再生效果好，提高再生度
    C. 避免因误操作漏酸碱进入水汽系统中
    D. 减小树脂磨损

102. 下列哪一项不是阳塔的作用（ C ）。
    A. 再生阳树脂　　　　　　　B. 储存备用树脂
    C. 树脂分离　　　　　　　　D. 树脂混合

103. 下列哪一步序不需要脉动冲洗（ C ）。
    A. 分离塔树脂分离　　　　　B. 阴塔进碱
    C. 阴塔气力冲洗　　　　　　D. 阳塔漂洗

104. 2023 版 25 项反措规定：阳再生塔置换结束后，正洗至排水电导率小于（ B ）μS/cm。

　　A. 1.0　　　　B. 2.0　　　　C. 8.0　　　　D. 10.0

105. 2023 版 25 项反措规定：阴再生塔置换结束后，正洗至排水电导率小于（ A ）μS/cm。

　　A. 1.0　　　　B. 2.0　　　　C. 8.0　　　　D. 10.0

106. 《二十五项反措（2023 版）》规定：阴阳树脂在阳再生塔中混脂均匀后，正洗至排水电导率小于（ A ）μS/cm。

　　A. 0.10　　　B. 0.15　　　C. 0.20　　　D. 0.30

107. 要严格控制厂内汽水损失率，对 600MW 以上的机组，汽水损失应不大于额定蒸发量的（ A ）。

　　A. 1.0%　　　B. 1.5%　　　C. 2.0%　　　D. 3.0%

108. 手工取样流速通常保持在（ D ）mL/min。

　　A. 200 ～ 300　B. 300 ～ 400　C. 350 ～ 500　D. 500 ～ 700

109. 化学取样架恒温装置的作用是（ B ）。

　　A. 防止取样烫伤　　　　　　　B. 使分析结果准确

　　C. 加快反应速度　　　　　　　D. 避免冬天结冰、冻裂

110. 在线电导率表测定水样的氢电导率时，要通过（ B ）以后再测定。

　　A. 钠离子交换柱　　　　　　　B. 氢离子交换柱

　　C. 阴离子交换柱　　　　　　　D. 混合离子交换柱

111. GB/T 12145—2016《火力发电机组和蒸汽动力设备水汽质量》规定：对于超临界及以上机组除盐水箱进口电导率不大于（ C ）μS/cm（25℃）。

　　A. 20　　　　B. 2 ～ 5　　　C. 0.15　　　D. 0.50

112. 超临界及以上机组精处理出口凝结水，下列指标不正确的是（ D ）。

　　A. 氢电导率＜ 0.10 μS/cm（25℃）

　　B. 二氧化硅＜ 10μg/L

　　C. 铁含量＜ 5.0μg/L

　　D. 钠含量＜ 3.0μg/L

113. 在蒸汽质量控制指标中，（ A ）、二氧化硅、电导率三项指标尤为重要。

    A. Na^+　　　　B. 油　　　　C. 溶解氧　　　　D. Cl^-

114. 各不同参数的火力发电机组，蒸汽品质标准（ C ）。

    A. 相同　　　　　　　　　B. 可以比较

    C. 因参数不同而不一样　　D. 无联系

115. 在火电厂中，对于电导率描述不正确的是（ C ）。

    A. 给水的电导率越高，水中导电离子的相对含量也就越高

    B. 给水的氢电导率越高，说明水中杂质阴离子的相对含量也就越高

    C. 给水的氢电导率总是高于其电导率

    D. 机组在正常运行时，给水加氨处理后，氨对电导率的影响远大于杂质的影响

116. 有凝结水精处理除盐时，凝结水的铁小于（ D ）μg/L 可以回收。

    A. 100　　　　B. 200　　　　C. 500　　　　D. 1000

117. 机组并网后，蒸汽质量应在（ B ）小时内达到正常运行时的标准。

    A. 4　　　　B. 8　　　　C. 12　　　　D. 24

118. 给水氧化性全挥发处理的表示符号为（ A ）。

    A. AVT（O）　B. CWT　　　C. OT　　　　D. AVT（R）

119. 给水系统溶解氧主要通过（ A ）的方法来去除。

    A. 热力除氧　B. 化学除氧　C. 机械除氧　D. 人工除氧

120. 真空除氧是使水在真空状态下达到（ D ）的温度。

    A. 过热蒸汽　B. 低压蒸汽　C. 高压蒸汽　D. 饱和蒸汽

121. 给水加氨的目的是（ D ）。

    A. 防止铜腐蚀

    B. 防止给水系统结垢

    C. 调节给水 pH 值到酸性

    D. 调节给水 pH 值，防止钢铁腐蚀

122. 实行 OT 水化学工况，下列（ A ）不正确。

    A. 除氧器的排气阀应关闭

    B. 防止凝汽器和凝结水系统漏入空气

    C. 凝结水必须 100% 经过深度除盐处理

    D. 不能停止或间断加药

123. 凝汽器换热管不是铜管，AVT（O）方式下给水控制 pH 值为（ C ）。

    A. 8.0～9.0　B. 8.0～8.5　　C. 9.2～9.6　　D. 9.5～9.8

124. 凝结水氢电导率缓慢升高，应首先检查（ D ）。

    A. 电源是否稳定　　　　　　B. 仪表样水流量是否正常

    C. 电导电极常数是否正确　　D. 离子交换树脂是否失效

125. 电化学腐蚀的基本特征是（ C ）。

    A. 均匀变薄　B. 局部点蚀坑　C. 有电流产生　D. 选择性

126. 一般情况下，不易发生氧腐蚀的部位是（ D ）。

    A. 省煤器入口　B. 省煤器出口　C. 下降管　　　D. 水冷壁管

127. 热力设备的腐蚀与热负荷的关系是（ B ）。

    A. 无关　　　　　　　　　　B. 随负荷升高，腐蚀加重

    C. 不确定　　　　　　　　　D. 随负荷升高，腐蚀减轻

128. 从本质上来说，决定腐蚀速度的主要因素是（ B ）。

    A. 材料　　　　　　　　　　B. 极化作用的大小

    C. 时间　　　　　　　　　　D. 水中含氧量

129. 流动加速腐蚀（FAC）导致碳钢管道局部壁厚严重减薄，FAC 影响因素下列（ D ）不正确。

    A. 水的流速　　　　　　　　B. 运行时的 pH 值

    C. 溶解氧　　　　　　　　　D. 水中的铁含量

130. OT 工况加入的氧气在系统内充当（ B ），从而降低腐蚀反应速度。

    A. 阴极去极化剂　　　　　　B. 钝化剂

    C. 阳极去极化剂　　　　　　D. 缓蚀剂

131. 发电机内冷水中（ B ）的多少是衡量腐蚀程度的重要判断依据。

    A. 电导率　　　B. 含铜量　　　C. pH 值　　　　D. 含氧量

132. 减缓发电机冷却水对铜导线的腐蚀，应控制其 pH 值在（ B ）

左右。

A. 7.5　　　　　B. 8.5　　　　　C. 6.8　　　　　D. 10.5

133. 发电机采用水 – 氢 – 氢冷却方式的，内冷水电导率控制标准
值为≤（ B ）μS/cm。

A. 5.0　　　　　B. 2.0　　　　　C. 1.0　　　　　D. 0.2

134. 导致发电机空心铜导线腐蚀的主要因素是（ D ）。

A. pH 值和二氧化碳　　　　　B. 铜和溶解氧

C. 铜和二氧化碳　　　　　　　D. pH 值和溶解氧

135. 随着溶液流动速度的增加，金属腐蚀速度（ C ）。

A. 不受影响　　B. 会减缓　　C. 会加快　　D. 不确定

136. 对长期停用的锅炉进行保养，以下哪种方法不宜采用（ C ）。

A. 充氮法　　　　　　　　　　B. 干风干燥法

C. 给水压力法　　　　　　　　D. 氨水碱化烘干法

137. 超临界及以上机组锅炉需进行化学清洗的条件之一是沉积物
（ C ）g/m^2。

A. > 600　　　　B. > 300　　　　C. > 200　　　　D. > 400

138. 处理汽轮机叶片上的积盐常用（ D ）的方法。

A. 酸洗　　　B. 水冲洗　　　C. 蒸汽吹洗　　　D. 喷砂

139. 处理过热器内的积盐常用（ D ）的方法。

A. 酸洗　　　B. 蒸汽洗　　　C. 刮除　　　　D. 水反冲洗

140. 盐酸不能用来清洗（ C ）材料制成的设备。

A. 低合金钢　　B. 碳钢　　　C. 奥氏体钢　　D. 黄铜

141. 柠檬酸清洗时，应在清洗液中加氨将 pH 值调整到（ A ）。

A. 3.5 ~ 4　　B. 5.5 ~ 6　　C. 7 ~ 8.5　　D. 8 以上

142. DL/T 794—2012《火力发电厂化学清洗导则》规定，用来评价
化学清洗质量的腐蚀指示片应无点蚀且平均腐蚀速率应小于
（ D ）g/（m^2·h）。

A. 2　　　　　B. 5　　　　　C. 7　　　　　D. 8

143. 超临界机组锅炉化学清洗不宜使用的清洗剂为（ A ）。

A. 盐酸　　　　　　　　　　　B. EDTA

C. 羟基乙酸及复合有机酸　　　D. 柠檬酸

144. 对新锅炉进行碱洗的目的是消除锅炉中的（ C ）。

  A. 腐蚀产物　　B. 泥沙　　　　C. 油污　　　　D. 水垢

145. 锅炉酸洗步骤结束后，可用（ B ）的方法将酸洗废液排走。

  A. 酸液直接排空　　　　　　B. 除盐水顶排

  C. 压缩空气顶排　　　　　　D. 漂洗液顶排

146. 开式循环冷却水主要靠（ B ）的方法来散热。

  A. 排污　　B. 蒸发　　　　C. 泄漏　　　D. 大量补水

147. 开式循环冷却水防垢处理通常采用（ B ）。

  A. 除盐处理　　　　　　　　B. 水质稳定处理

  C. 除浊处理　　　　　　　　D. 化学清洗

148. 计算循环冷却水的浓缩倍率，一般以水中的（ A ）来计算。

  A. 氯离子　　B. 电导率　　C. 悬浮物　　D. 溶解固形物

149. 开式循环冷却水（辅机冷却水）系统在运行过程中，应密切监督（ D ）。

  A. 碱度　　　　　　　　　　B. 电导率

  C. 硬度　　　　　　　　　　D. 浓缩倍率是否超标

150. 开式循环冷却水加稳定剂处理时，加药方式应（ A ）。

  A. 必须连续加入

  B. 可以间断加入

  C. 加到要求的药量后可以停止加药

  D. 可以 4h 加一次

151. 开式循环冷却水系统中，冷却水的损失不包括（ D ）。

  A. 蒸发损失　　　　　　　　B. 风吹泄漏损失

  C. 排污损失　　　　　　　　D. 溢流损失

152. 当开式循环冷却水的碳酸盐硬度（ A ）极限碳酸盐硬度时，碳酸钙析出。

  A. 大于　　　　B. 小于　　　C. 等于　　　D. 不大于

153. 凝汽器的冷却水侧，比较容易结碳酸垢部位是（ C ）。

  A. 入口段　　B. 中间段　　C. 出口段　　D. 整个管段

154. 开式循环冷却水中，二氧化碳含量的减少将使（ A ）析出。

  A. $CaCO_3$　　B. $CaSO_4$　　C. $CaCl_2$　　D. $Ca(OH)_2$

155. 制氢系统电解槽的电源采用（ A ）。
    A. 直流电　　　　　　　　　B. 交流电
    C. 交、直流两用　　　　　　D. 交、直流切换

156. 吸附式氢气干燥装置的干燥器内装有（ C ）。
    A. 硅胶　　　　B. 铝胶　　　　C. 分子筛　　　　D. 无水氯化钙

157. 吸附式氢气干燥装置正常工作时，两台吸附干燥器应（ C ）。
    A. 一起运行　　　　　　　　B. 一起再生
    C. 一台运行，一台再生　　　D. 一台加热，一台吹冷

158. 氢气的排出管必须伸出厂房外，高出屋顶（ A ），而且应设防雨罩，以防雨水进入管内，形成水封，妨碍排氢。
    A.2m 以上　　　　　　　　B.3m 以上
    C.5m 以上　　　　　　　　D.10m 以上

159. 水电解制氢过程中"氢中氧"表计指示应小于（ A ）才合格。
    A. 0.2%　　　B. 0.3%　　　C. 0.4%　　　D. 0.5%

160. 水电解制氢过程中"氧中氢"表计指示应小于（ A ）才合格。
    A. 0.8%　　　B. 0.7%　　　C. 0.6%　　　D. 0.5%

161. 经氢气干燥装置后，氢气露点温度小于（ D ）才为合格。
    A. −20℃　　　B. −30℃　　　C. −40℃　　　D. −50℃

162. 电解室要保持良好的通风以防止氢气（ C ）。
    A. 着火　　　　B. 燃烧　　　　C. 聚集　　　　D. 爆炸

163. 电解液过滤器内的套筒上开有若干小孔，外包双层（ C ）滤网。
    A. 铜丝　　　　B. 铁丝　　　　C. 镍丝　　　　D. 不锈钢丝

164. 分子筛的再生温度比硅胶高，一般可达到（ C ）℃。
    A. 100　　　　B. 200　　　　C. 300　　　　D. 400

165. 氢冷发电机内气体的纯度指标为氢气的纯度不低于（ C ）。
    A. 94%　　　　B. 95%　　　　C. 96%　　　　D. 97%

166. 不能作为中间气体的是（ A ）。
    A. 氧气　　　　B. 氮气　　　　C. 二氧化碳　　　D. 氩气

第三章

问答题

第一节　水的预处理

1. 名词解释：生水。

答：生水又称原水，是指未经处理的天然水，如江河水、湖水、地下水等。在火电厂中生水既可作为制取锅炉补给水的水源，又可作为冷却水、消防水等使用。

2. 名词解释：水的碱度。

答：水的碱度是指水中能与 H^+ 发生反应的物质的量。

3. 名词解释：浊度。

答：浊度反映水中悬浮物对光线透过时所产生的阻碍程度，即表示水浑浊的程度。

4. 名词解释：含盐量。

答：含盐量表示水中各种溶解盐类的总和。

5. 名词解释：化学耗氧量。

答：在规定条件下，用氧化剂处理水样时，氧化水样中有机物所消耗氧化剂的量折算成氧的量（一般以"O"计）即为化学耗氧量，也称化学需氧量。

6. 名词解释：透膜压差。

答：透膜压差指超滤膜进水侧与产品水侧之间的压力差，又称过膜压差或跨膜压差。透膜压差（TMP）能够反映膜表面的污染程度。

7. 名词解释：超滤膜通量。

答：超滤膜通量是指单位时间内通过单位超滤膜面积的产品水体积。一般以 $m^3/(m^2 \cdot h)$ 或 $L/(m^2 \cdot h)$ 表示。

8. 什么是水的预处理？

答：预处理是指水进入离子交换器装置或膜法脱盐处理装置前的处理过程，包括凝聚、澄清、过滤、杀菌等处理技术。原水经杀菌及混凝澄清处理后，将水中微生物、悬浮物及胶体杂质去除，浊度下降至满足工业用水水质要求，再进一步过滤处理至浊度达到预脱盐或除盐设备对进水水质的要求。只有做好预处理才能确保后续处理装置的正常运行。

9. 水的预处理主要内容和任务包括哪些？

答：（1）去除水中的悬浮物、胶体物和有机物。

（2）降低生物物质含量，如浮游生物、藻类和细菌。

（3）去除重金属，如 Fe、Mn 等。

（4）降低水中钙镁硬度和重碳酸根含量。

10. 天然水中一般含有什么杂质？如何去除这些杂质？

答：（1）悬浮物，按其微粒大小的不同可分为漂浮的、悬浮的和可沉降的。悬浮物在水中很不稳定，分布也很不均匀，可用沉淀、混凝、澄清、过滤等方法除去。

（2）胶体，主要是铁、铝、硅的化合物及动植物有机体的分解产物等。胶体一般都带有电性，在水中分布较均匀，难以用自然沉降法除去，可采用吸附、絮凝等方法除去。

（3）溶解性物质，它们往往以离子、分子或气体的状态存在于水中。这类物质不能用混凝、沉降、过滤的方法除去，必须用蒸馏、膜分离或离子交换的方法除去。

11. 中水回用对水质有哪些要求？

答：中水回用的水质首先要满足卫生要求，主要指标有细菌总数、大肠杆菌群数、余氯、悬浮物、生物需氧量、化学耗氧量；其次要满足感官要求，其衡量指标有色度、浊度、臭味等。此外，还要求水质不会引起设备管道的严重腐蚀和结垢，主要指标有 pH

值、浊度、溶解性物质和蒸发残渣等。

12. 简述机械搅拌加速澄清池的工作原理。

答：机械搅拌加速澄清池是借搅拌叶轮的提升作用，使先期生成并已沉到泥渣区的泥渣回流到反应区，参与新泥渣生成。在此过程中，先期生成的泥渣起到结晶核心和接触吸附的作用，促进新泥渣迅速成长，达到有效分离的目的。

13. 水中胶体为什么不易沉降？

答：①同类胶体带有同性电荷，彼此之间存在着电性斥力，相遇时相互排斥，因而不易碰撞和黏合，一直保持微粒状态，而在水中悬浮。②胶体表面有一层水分子紧紧包裹着，称为水化层，它阻碍了胶体颗粒间的接触，使得胶体在热运动时不易黏合，从而使其保持颗粒状态而悬浮不沉。

14. 影响混凝效果的因素有哪些？

答：水的 pH 值、混凝剂用量、水温、原水中胶体颗粒浓度、原水中阴离子组成、流体搅拌条件和接触介质等。

15. 悬浮物澄清装置清水区絮体明显增多，甚至引起翻池的原因有哪些？

答：进水温度高于澄清池内温度；上升流速太高；投药系统出故障；池底沉泥太多。

16. 澄清池运行中，水温对运行效果有哪些影响？

答：水温低，絮凝缓慢，混凝效果差；水温变动大，容易使高温和低温水产生对流，也影响出水水质。

17. 经过混凝处理后的水，为什么还要进行过滤处理？

答：因为经过混凝处理后的水，只能除掉大部分悬浮物，还有细小悬浮物杂质未被除去，为保证离子交换和膜分离水处理设备正常运行和具有较高的出水品质，必须还要经过过滤才能将那些细小的悬浮物及杂质除掉，以满足后期水处理设备的要求。

18. 为什么加混凝剂能除去水中悬浮物和胶体？

答：混凝剂加入水中后，通过混凝剂本身发生的变化使水中胶体失稳，并与小颗粒悬浮物聚集长大，加快下沉速度而去除。混凝剂本身发生的凝聚过程中伴随着许多物理化学作用，主要有以下几个。

（1）吸附作用：当混凝剂加入水中形成胶体时，会吸附水中原有的胶体。

（2）中和作用：天然水中的自然液体大都带负电，混凝剂所形成的胶体带正电，由于异性电相吸与中和的作用，促使水中胶体黏结并析出。

（3）表面接触作用：当水中悬浮物量较多时，凝聚的核心可以是某些悬浮物，即凝聚在悬浮物的表面形成。

（4）网捕作用：凝絮在水中下沉的过程中，好像一个过滤网在下沉，可把悬浮物带走。

通过以上四种作用，在水中加入混凝剂能除去水中的悬浮物和胶体。

19. 过滤器排水装置的作用有哪些？

答：（1）引出过滤后的清水，而不使滤料带出。

（2）使过滤后的水和反洗水的进水，沿过滤器的截面均匀分布。

（3）在大阻力排水系统中，有调整过滤器水流阻力的作用。

20. 影响过滤器运行效果的主要因素有哪些？

答：（1）滤速。过滤器的滤速不能太快也不能太慢。

（2）反洗。反洗必须具有一定的时间和流速，反洗效果好，过滤器的运行才能良好。

（3）水流的均匀性。只有水流均匀，过滤效果才能良好。

（4）滤料的粒径大小和均匀程度。

21. 常用的粒状过滤器滤料有哪几种？对滤料有哪些要求？

答：过滤器常用的滤料有石英砂、无烟煤、活性炭、大理石等。均应满足下列要求：

（1）要有足够的机械强度。

（2）要有足够的化学稳定性，不溶于水，不能向水中释放出有害物质。

（3）要有一定的级配和适当的孔隙率。

（4）要价格便宜，货源充足。

22. 在过滤器反洗时，应注意的事项有哪些?

答：（1）保证反洗的强度合适。

（2）在空气或空气–水混洗时，应注意给气量和时间。

（3）保证过滤层洗净，同时要避免乱层或滤料流失。

23. 简述超滤的工作原理。

答：在一定压力下，当水流通过膜表面时，只有水分子、无机盐及小分子物质能够透过膜，而水中的悬浮物、胶体、微生物等物质则不能透过膜，从而达到净化水质的目的。超滤过程主要有三种情况：

（1）被吸附在过滤膜的表面上和孔中（基本吸附）。

（2）被保留在孔内或在某处被排出（堵塞）。

（3）被机械截留在过滤膜的表面上（筛分）。

24. 简述超滤的特点。

答：（1）超滤的工作范围十分广泛，在水处理中可用于分离细菌、大肠杆菌、热源、病毒、胶体颗粒、大分子有机物质等，还可以用于特殊溶液的分离。

（2）超滤可以在常温下运行。

（3）超滤过程不发生相变，因此能耗低。

（4）超滤过程是由压力作驱动力，因此装置结构简单、操作方便、维修容易。

25. 浸没式超滤的工作原理及特点是什么?

答：浸没式超滤膜是指浸没在水中的超滤膜，材质多为 PVDF（聚偏二氟乙烯）。浸没式超滤膜放置于水池中，进水通道完全开放，水以负压力为推动力由外向内抽吸，利用膜孔对液体进行物理分离，经过分离之后的水干净清澈，浊度可降至 0.2NTU 以下。

其主要特点是：①膜组件可快速拆解，检修维护方便；②孔径分布窄，过滤精确度高；③抗污染能力强；④占地面积小；⑤耐冲击性能强。

26. 超滤膜两侧的压力差对其性能和运行有哪些影响?

答：（1）膜两侧的压力差与膜产水通量在一定的范围内成正比，但达到一定程度后，由于水对膜有压实作用，其对产水通量的增加作用将急剧减弱。

（2）膜对截留物的截留率与膜两侧的压力差成反比，即随着压力差的加大，膜截留率逐渐降低。

（3）膜内外压力差太大会造成中空纤维丝受压失稳变形，发生不可逆损坏。

27. 在一般情况下，正压超滤的运行操作压力是多少？其除去的物质粒径大约在什么范围？

答：在一般情况下，正压超滤的运行操作压力为 0.1～0.5MPa，其除去的物质粒径为 0.005～10μm。

第二节　预脱盐系统

1. 名词解释：膜的浓差极化。

答：水通过反渗透膜后，膜界面中含盐量增大，形成较高的浓水层，此层与给水水流的浓度形成很大的浓度梯度，这种现象称为膜的浓差极化。

2. 名词解释：SDI。

答：SDI 即污染指数 FI。测定方法是向直径 47mm 的 0.45μm 的微孔滤膜上连续加入一定压力（30psi，约 0.21MPa）的被测定水，记录下过滤 500mL 水所需的时间 t_0（s）和 15min 后再次过滤 500mL 水所需的时间 t_{15}（s），按下式求得阻塞系数：FI=（$1-t_0/t_{15}$）×（100/15）。

3. 名词解释：反渗透的脱盐率。

答：进水经反渗透分离成淡水后，去除的盐量占原盐量的百分数。

4. 简述反渗透的原理。

答：将两种不同浓度的溶液（如盐水和淡水）分别置于半透膜的两侧时，淡水将自发地透过半透膜流向盐水侧，这种现象称自然渗透。当浓溶液中的液位上升到一定高度时达到平衡，此时两侧液位差对应的压力差称为这种状态下的渗透压力。如果在膜的盐水侧施加一个大于自然渗透压力的外加压力，盐水中的水将流向淡水侧，这种现象称作反渗透。

5. 画出反渗透过程示意图。

答：如图 1-3-1 所示。

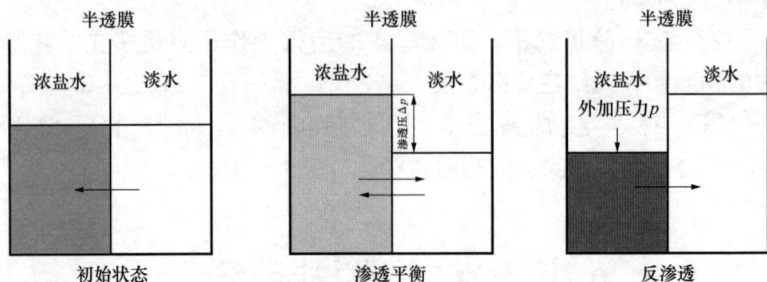

图 1-3-1 反渗透过程

6. 简述反渗透保安过滤器的作用。

答：截留来自预处理系统产水中大于 5μm 的颗粒，防止其进入反渗透系统，以保护高压泵的叶轮不受磨损和防止这种颗粒划伤反渗透膜元件。

7. 简答反渗透除盐的基本条件。

答：（1）半透膜有选择性，具有透水不透盐的特性。

（2）盐水与淡水两侧之间的外加压力大于渗透压差。

8. 简述高压泵后设置电动慢开门的目的。

答：防止高压泵启动时，高压水直接冲击膜元件，特别是在系统内存在空气时产生"水锤"现象，造成膜破裂。

9. 什么是 ORP？它反映了什么？

答：ORP 即氧化还原电位值，它反映了反渗透给水中氧化性杀菌剂的残存量。

10. 简述反渗透停机低压冲洗的目的。

答：一是防止浓水侧亚稳态过饱和溶液的结晶沉积；二是防止淡水回吸。

11. 简述反渗透阻垢剂的作用。

答：反渗透阻垢剂易于溶解而且具有很好的稳定性，不与铁铝氧化物形成不溶物，是一种可提高产水量及产水质量、降低运行成本的药剂。在系统运行中，将反渗透阻垢剂投加在水中，减缓钙镁离子的析出速度和膜面结垢，有效控制无机物结垢，抑制硅的沉淀，能更好地保护膜元件。

12. 反渗透运行时，进水中常加入的药剂及其作用是什么？

答：反渗透装置常加的药剂有还原剂（$NaHSO_3$）、阻垢剂、盐酸。

还原剂的作用是消除残余的氧化剂，避免氧化剂对膜元件造成损坏，同时还原剂还是细菌的抑制剂，可以抑制细菌在反渗透膜表面的生长。

阻垢剂的作用是防止钙镁、二氧化硅等物质在反渗透膜元件浓水侧产生结垢。

盐酸的作用是防止碳酸盐垢的生成。

13. 简述反渗透设备主要性能参数和运行监督项目。

答：反渗透设备主要性能参数包括脱盐率、回收率、操作压力、产水量或水通量。

反渗透运行必须保证前面的预处理出水水质，监督反渗透进水的 pH 值、ORP、电导率（含盐量）、污染指数 SDI、进水温度。监督反渗透进出口和各段压力值，浓淡水压力，出水 pH 值，电导率（含盐量），进水、浓水、淡水流量，阻垢剂的加药量。根据以上参数，计算脱盐率、压力和校正后的淡水流量。

14. 简述常用反渗透膜的种类和对水质的主要要求。

答：常用反渗透膜有三种：醋酸纤维素膜、芳香聚酰胺膜、复合膜。

反渗透膜对进水水质要求很严格，主要水质指标为污染指数，其值应小于3。另外，一般要求进水 pH 值为 6～9，余氯小于 0.1mg/L 或 ORP < 200mV。

15. 反渗透设备的运行操作要点是什么？

答：高压泵启动时，应缓慢打开泵出口门，防止发生水力冲击，使膜元件或其连接件受损。运行中应防止膜元件压降过大而产生膜卷伸出破坏，防止元件之间连接件的O形圈和密封发生泄漏。在任何时候产品水侧的压力不能高于进水及排水压力，即膜不允许承受背压。在停用前应降低压力，降低回收率，以减小浓度差。停备用时，应防止反渗透膜发生脱水现象。

16. 如何防止反渗透膜污染？

答：（1）做好原水的预处理工作，特别应注意污染指数要合格，同时还应进行杀菌，防止微生物在膜内滋生。

（2）在反渗透设备运行中，要维持合适的操作压力，一般情况下，增加压力会使产水量增大，但过大又会使膜压实。

（3）在反渗透设备运行中，应保持浓水侧的紊流状态，减轻表面溶液的浓差极化，避免某些难溶盐在膜表面析出。

（4）在反渗透设备停运时，短期应进行加药冲洗，长期应加药剂保护。

（5）当反渗透设备产水量明显减少时，表明膜结垢或污染到一定程度，此时应及时进行化学清洗。

17. 简述反渗透产水量下降的原因及处理。

答：（1）低压力运行（适当提高进水压力）。

（2）发生膜组件的压密（降低进水压力，及时清洗、降低各段压差）。

（3）运行温度降低（提高进水温度）。

（4）高回收率下长期运行（按设计回收率产水）。

（5）金属氧化物和污浊物附着膜表面（及时进行化学清洗）。

（6）压差上升（改进预处理装置的运行管理；清洗膜组件）。

（7）油分混入（采用表面活性剂进行清洗，若无法恢复应更换膜组件）。

18. 简述反渗透产水水质下降的原因及处理。

答：（1）原水的TDS增加（调整原水水质）。

（2）低压力运行 （按照设计压力运行）。

（3）膜组件的破损（更换膜元件）。

（4）O形圈损坏或泄漏（更换O形圈）。

（5）回收率调整过高（回收率保持在设计规定值以下）。

（6）给水余氯浓度过高（严格控制进水余氯浓度）。

（7）溶剂混入（苯、甲苯等物质会溶解膜，必须注意不能混入）。

19. 简述反渗透装置脱盐率降低的原因和处理方法。

答：（1）膜被污染。进水具有结垢倾向、杂质含量高、浓水流量过小、回收率太高时，应改善预处理工况，调节好 pH 值、温度和阻垢剂剂量、余氯量，增加浓水流量，及时进行化学清洗。

（2）膜降解。进水余氯长期过大，进水 pH 值偏离要求值，使用不合格的药剂时，应对运行条件进行控制，必要时更换膜元件。

（3）O 形密封圈泄漏或膜密封环损坏。振动、冲击和安装不当时，应更换 O 形密封圈（环）。

（4）中心管断、内连接器断、元件变形。应更换膜元件或内连接器。

20. 简述反渗透膜的清洗条件。

答：（1）在正常压力下淡水流量降至正常值的 10% ～ 15%。

（2）为了维持正常淡水流量，经温度校正后的给水压力增加10% ～ 15%。

（3）RO 淡水电导率明显上升，盐透过率增加 10% ～ 15%。

（4）系统压差增加 10% ～ 15%。

（5）已证实膜污染严重或膜结垢。

（6）反渗透装置长期停用前。

21. 反渗透运行中膜容易产生哪些污染？分别采取什么清洗方案？

答：反渗透膜在运行中容易受金属氧化物的污染，可以采用0.2mol 的柠檬酸铵，pH 值调整至 4 ～ 5，每支膜以 15L/min 的流量循环清洗；如果膜产生结垢现象，每支膜可以用盐酸 5L/min 流量循环清洗；当膜受到有机物、胶体的污染时，可以采用 EDTA、磷酸钠或十二烷基苯磺酸钠，用氢氧化钠调 pH 值为 10 左右，每支膜以 40L/min 流量循环清洗；当膜受到细菌污染时，可以用 1%的甲醛溶液，每支膜以 15L/min 流量循环清洗。在循环清洗时，维持的压力为 0.4MPa。

22. 反渗透停用时，如何进行膜的保护？

答：停用时间较短，如 5 天以下时，应每天进行低压力水冲洗。冲洗时，可以加酸调整 pH 值为 5～6。若停用 5 天以上，最好用甲醛冲洗后再投用。如果系统停用 2 周或更长一些时间，需用 0.25% 甲醛或 0.5%～1.0% 亚硫酸氢钠液浸泡，以防微生物在膜中生长。化学药剂最好每周更换一次。

第三节　除盐系统

1. 名词解释：锅炉补给水。

答：锅炉补给水是指生水经过处理后，用来补充火电厂水、汽循环系统损失的水。

2. 名词解释：总有机碳离子（TOCi）。

答：TOCi 是指有机物中总的碳含量与氧化后产生阴离子的其他杂原子含量之和。

3. 什么叫一级除盐、二级除盐？

答：原水经过一次强酸阳离子交换器和强碱阴离子交换系统，称为一级除盐；如果经过两次，称为二级除盐。如果系统中有混床，混床本身算作一级。

4. 什么叫树脂的复苏？

答：树脂在长期的使用过程中，被有机物、铁、胶体等污染，使其交换容量降低甚至全部丧失后，采用酸、碱法或碱、食盐法等进行处理，以恢复其交换性能的操作称为树脂的复苏。

5. 什么叫树脂的有机物污染？

答：有机物污染是指离子交换树脂吸取了有机物后，在再生和清洗时不能解吸下来，以致树脂中的有机物越积越多的现象。

6. 什么叫离子交换除盐的酸耗？

答：在失效阳树脂中再生每摩尔交换基团所耗用酸再生液的质量称为酸耗。

7. **什么叫离子交换除盐碱耗?**

答: 在失效阴树脂中再生每摩尔交换基团所耗用碱再生液的质量称为碱耗。

8. **什么叫离子交换器的自用水率?**

答: 离子交换器每个运行周期中反洗、再生、清洗过程中耗用水量的总和,与其周期制水量的比称为自用水率。

9. **什么叫树脂的选择性?**

答: 离子交换树脂吸附各种离子的能力不一,有些离子易被交换树脂吸附,但吸着后要把它置换下来就比较困难;另一些离子很难被吸着,但置换下来却很容易,这种性能称为离子交换树脂的选择性。

10. **什么叫树脂的工作交换容量?**

答: 工作交换容量是指在工作状态下,单位体积的湿离子交换树脂所能交换的离子总量,即从离子交换器投入运行开始直至出水中需要被除掉的离子的漏出量超过要求时为止,单位体积交换剂吸附的离子的物质的量,是在交换条件下,模拟水处理实际运行条件下测得的交换容量。

11. **什么是离子交换树脂工作层?**

答: 当水流过树脂层时,由于受离子交换速度的限制,必须经过一定层高后,水中离子的浓度才能减少到要求的水平。在这一过程中,水中离子不断地向树脂颗粒内部扩散,通常称这一层树脂为工作层。

12. **什么叫树脂的再生?**

答: 树脂经过一段软化或除盐运行后,失去了交换离子的能力,这时可用酸、碱或盐使其恢复交换能力,这种使树脂恢复交换能力的过程称为树脂的再生。

13. **什么叫逆流再生? 逆流再生的优越性是什么?**

答: 逆流再生是指离子交换器运行时,水流方向向下,再生时再生液方向向上的对流水处理工艺。其优越性在于,首先在进再生液的过程中,交换器底部交换剂总是和新鲜的再生液接触,故它可以得到较高的再生程度。其次,上层交换剂虽然再生程度最差，但还是能进行离子交换，即可以充分发挥上层交换剂的交换容量。

14. 什么是离子交换器设备反洗？

答：对于水流从上而下的固定床设备，在失效后，用与制水方向相反的水流由下往上对树脂进行冲洗，以松动树脂，去除悬浮固体、碎树脂以及气泡，这种操作叫反洗。

15. 什么是离子交换器的小反洗？其目的是什么？

答：小反洗：交换器运行到失效时，停止运行，反洗水从中间排水管引进，对中间排水管上面的压脂层进行反洗，叫小反洗。

目的：冲去运行积累在表面层和中间排水装置上的杂质，由排水带走。

16. 什么是离子交换器的正洗？其目的是什么？

答：正洗：阴阳床再生完成后，按运行制水的方向对树脂进行清洗，叫正洗。

目的：清除树脂中残余的再生剂和再生产物，防止再生后可能出现的逆向反应。

17. 离子交换树脂的主要物理性质和化学性质包括哪些？

答：物理性质：包括外观颜色、形状、密度、含水率、溶胀性、机械强度、水溶性溶出物、比表面积、耐热性、导电性等。

化学性质：主要有可逆性、酸性、碱性、中和与水解、选择性、交换容量、化学稳定性等。

18. 简述混床除盐原理。

答：混床是将阴阳离子交换树脂按照一定的比例均匀混合放在一个交换器中，它可以看作是许多阴阳交错排列的多级式复床，在与水接触时，阴、阳树脂对于水中阴阳离子的吸附（反应的过程）几乎是同步的，交换出来的 H^+ 和 OH^- 很快化合成水，消除反离子的累积影响，彻底将水中的盐除去。

19. 混床有上、中、下三个窥视窗，它们的作用是什么？

答：上部窥视窗一般用来观察反洗时树脂的膨胀情况；中间部窥视窗用于观察床内阴树脂的水平面，确定是否需要补充树脂；下部窥视窗用来检测混床准备再生前阴阳离子树脂的分层情况。

20. 逆流再生设备大反洗的条件有哪些？其目的是什么？

答：（1）大反洗条件：①新装或新补加树脂后；②运行到规定周期；③周期制水量明显下降；④运行阻力明显增加。

（2）大反洗目的：①松动交换剂层，为再生创造良好条件；②清除交换剂层及其间的悬浮物和交换剂的碎粒、气泡等杂物。

21. 影响离子交换器再生效果的主要因素有哪些？

答：（1）再生方式。逆流再生的效果比顺流再生好。

（2）再生剂用量。用量过少，再生度低；用量过大，再生度不会显著增加，经济性却降低。

（3）再生液浓度。浓度过低，再生效果不好；浓度过高，再生剂与树脂的接触时间减少，再生效果也不好。

（4）再生液流速。维持适当的流速，实质上就是使再生液与交换剂之间有适当的接触时间，以保证再生时交换反应充分进行，并使再生剂得到最大限度的利用。

（5）再生液温度。再生液温度对再生效果的影响也很大，适当提高再生液温度，可加快离子的扩散速度，提高再生效果。

（6）再生剂的纯度。如果再生剂质量不好，含有大量杂质离子，就会降低再生程度，且出水水质也会受影响。

22. 为什么单元制一级除盐系统中，阴床先失效时，除盐水电导率先下降后上升？

答：当阴床失效后，首先放出硅酸根，而硅酸根和阳床出水中残留的钠离子生成的硅酸钠是一种弱电解质，其电导率相应要小些。因此，当阴床失效初步漏硅时，会使阴床出水电导率短时间内下降，但随着阴床的进一步失效，大量阴离子释放后形成盐酸、硫酸，出水电导率很快上升。

23. 简述混床再生操作的注意事项。

答：在混床的再生中，无论是体内再生还是体外再生，反洗分层是关键的一步。在不跑树脂的前提下，应尽量将阳、阴树脂擦洗、漂洗干净，将在运行时沉积在树脂表面上的污垢除去。分层时树脂分界面要分明。在分离输送树脂时，操作要熟练，尽量减少树脂相互混杂的程度，以减少树脂在再生时交叉污染，提高树脂的再生度。另外，置换要充分，以保证树脂层中被再生出来的杂质离子排出体外；混合要充分、均匀，以提高混床的出水水质和利用率。

24. 离子交换器产生偏流、水流不均匀现象，可能的原因有哪些？

答：可能的原因有进水装置堵塞或损坏；交换剂层被污堵或结块；中间排水装置损坏。

25. 阴阳树脂混杂时，如何将它们分开？

答：可以利用阴阳树脂密度不同，借自上而下水流筛分分离的方法将它们分开。另外，可将混杂树脂浸泡在 16% 左右 NaOH 溶液中，借助于树脂转型密度差进行分离。

26. 在离子交换器的工作过程中，促使树脂颗粒破碎的原因有哪些？

答：（1）树脂颗粒受到水压或冲击。

（2）下部树脂层中的颗粒受到上部树脂重力的挤压。

（3）冲洗树脂床层中的颗粒与颗粒之间发生摩擦。

（4）树脂中离子的种类改变时颗粒的体积发生变化。

27. 简述 EDI 除盐原理。

答：EDI 即连续电除盐，是一种集电渗析技术和离子交换技术于一体的水处理技术。核心是以离子交换树脂作为离子迁移的载体，以阳膜和阴膜作为控制阳离子和阴离子通过的关卡，在直流电场推动下，实现水中离子的定向迁移，从而达到水的深度净化除盐。同时通过水电解产生的氢离子和氢氧根离子对装填树脂进行连续再生。

28. 什么是"电再生"？

答：由于离子在树脂和膜中的迁移速度比在水中大，所以在树脂和膜的表面处，离子浓度降至接近于零，产生浓差极化。若进一步增大电流密度，淡水室水中原有的离子已不能完全满足传导电流的需要，将导致上述表面处的水被电离成氢离子和氢氧根离子，以负载部分电流，并在迁移过程中对树脂进行连续地再生，使树脂转为酸、碱型，这一过程称"电再生"。

29. 简述 EDI 除盐特点。

答：（1）适用于电导率低于 50μS/cm 的水的深度除盐。

（2）除盐非常彻底，除盐率与离子交换法基本相同。

（3）水与盐分离的推动力为直流电场。

（4）生产除盐水只需电能，不用酸碱。

（5）必须不断排放极水和部分浓水，水的利用率一般为 80% ～ 95%。

（6）EDI 装置采用模块化设计，便于维修和扩容。

30. EDI 在运行过程中同时进行的三个主要过程是什么?

答：（1）在直流电场作用下，水中电解质通过离子交换膜发生选择性迁移。

（2）阴阳离子交换树脂对水中电解质进行着离子交换，并构成"离子通道"。

（3）离子交换树脂界面水发生电离产生的 H^+ 和 OH^- 对交换树脂进行电化学再生。

31. 简述 EDI 淡水隔板的作用。

答：（1）构成淡水室的水流通道。

（2）支撑离子交换膜和离子交换填充材料。

（3）改善淡水流态，降低离子迁移阻力。

32. 简述 EDI 浓水隔板的作用。

答：（1）构成浓水室的水流通道。

（2）强化水流紊乱，减薄层流层，降低浓差极化程度，防止结垢。

33. 简述 EDI 离子交换膜的作用。

答：选择性透过阳离子或阴离子，作为控制阳离子和阴离子通过的关卡。

34. 简述 EDI 阳、阴离子交换树脂的作用。

答：树脂颗粒构成了"离子传递通道"，从而降低淡水室溶液电阻，减少电能消耗。

35. 简述水温对 EDI 产水的影响。

答：提高进水温度，可以加快离子迁移、促进离子交换和再生，因而可提高 EDI 产水电阻率。

36. 简述 EDI 发生极化的原因。

答：（1）外加电流密度超过了极限电流密度。

（2）离子交换膜对阳离子与阴离子的选择性透过存在差异。

（3）离子交换膜表面存在滞流层，使膜表面处离子得不到及时补充。

37. 简述 EDI 装置出水水质下降的原因及处理。

答：（1）膜被损伤（更换膜元件）。

（2）进水水质不合格（改善前级处理，提高进水水质）。

（3）离子交换树脂污染（更换离子交换树脂）。

（4）离子交换膜被污染（清洗被污染的膜）。

（5）浓水侧压力高于淡水侧压力（调整系统压力至合格）。

（6）总电流过低（检查浓水的电导率是否太低，检查整流器是否正常）。

38. 简述引起 EDI 装置污染和结垢的原因。

答：（1）运行积累。正常运行下 EDI 系统会缓慢结垢，主要集中在浓水室阴膜表面和阴极室。

（2）进水水质不符合要求引起 EDI 模块结垢。

（3）回收率太高。浓水含盐量随回收率增加而递增，浓水结垢倾向增加。

（4）微生物滋生。EDI 停运后，抑菌作用消失，模块内的细菌及微生物就会很快繁殖。

39. 简述 EDI 运行注意事项。

答：（1）EDI 投运时先通水，产水排放门打开，后启动整流器电源给模块加电，产水合格后再回收；停运时先打开产水排放门，停止整流器电源，后断水。

（2）系统压差调整在合格范围内，如模块产水出口压力比浓水进口压力至少高 0.035MPa；运行中要求 EDI 装置给水进口压力不低于 0.4MPa，调整给水进口压力＞产水出口压力＞浓水进口压力＞浓水出口压力。

（3）一般情况下，EDI 无论是停运或投运，其手动阀门的开关状态均应保持正常运行时的位置状态。

（4）在模块的启动阶段，严防瞬间流量过大而造成膜穿孔。

（5）一旦模块发生泄漏事故，此时水可能带电，必须立即停运 EDI 装置。

（6）若产水电导率超标，应开启 EDI 产水排放门，同时查找原因。

40. 简述 EDI 长期停运的保养注意事项。

答：如果模块停机 3 天以上，应按以下方法进行保养：

（1）切断 EDI 控制柜内模块的总电源空气开关。

（2）冬天时，排干模块内所有积水，防止结冰或冻坏树脂。

（3）关闭每个模块的进口端和出口端阀门，保持模块湿润。

（4）在长期停机过程中，应定期进行冲洗，冲洗操作可以更换模块内的积水，防止细菌滋生。

（5）长期停机后，EDI 再次运行，模块需要重新再生。再生需要 8 ～ 16h。

41. 除盐水箱污染的主要原因有哪些？

答：（1）运行时不合格的除盐水进入除盐水箱。

（2）对于离子交换除盐系统，再生时再生液进入除盐水箱。

（3）除盐水箱密封不严造成污染。

（4）尘霾、沙尘暴等极端天气条件下，污染物通过呼吸孔进入水箱。

第四节　凝结水精处理系统

1. 凝结水精处理的目的是什么？

答：凝结水由于某些原因会受到一定程度的污染，主要如下：

（1）凝汽器、轴封等泄漏造成部分盐类及空气等进入。

（2）热力系统本身的腐蚀产物。

（3）锅炉补给水中杂质未能完全除尽，带入少量杂质。

因此，凝结水或多或少都有一定的污染，而直流炉和亚临界以上的汽包炉对给水水质要求很高，如果不去除这些杂质，会导致汽轮机、锅炉等热力系统的腐蚀、结垢和积盐，从而危及机组的安全经济运行，因此需要进行凝结水的深度净化，即凝结水精处理。

2. 简述高速混床后树脂捕捉器的作用。

答：截留高速混床漏出的树脂，以防树脂漏入热力系统中，影响热力系统水质。

3. 树脂漏入热力系统有哪些危害？

答：树脂漏入热力系统后，在高温高压的作用下发生分解，转化成酸、盐和气态产物，使汽水 pH 值下降，热力系统发生酸性腐蚀。

4. 简述精处理废水树脂捕捉器的作用。

答：截留分离塔、阴塔或阳塔在树脂擦洗或水反洗时由于流量控制不当而跑出的树脂，防止树脂进入废水管道损失。

5. 简述精处理再循环泵的作用。

答：混床投运初期压实树脂层，同时对混床出水进行再循环使水质合格。

6. 简述精处理酸碱系统中碱计量箱顶部 CO_2 吸收器的作用。

答：防止空气中的 CO_2 进入碱计量箱中与其中的碱液反应，影响碱液品质。

7. 精处理罗茨风机和压缩空气的用途分别有哪些？

答：罗茨风机用于树脂的擦洗松动和树脂的混合。

压缩空气用于分离塔、阴塔和阳塔的顶压排水和阴塔、阳塔冲洗前的加压以及气力输送树脂，前置过滤器的擦洗。另外，还是精处理各仪表阀门的气源。

8. 精处理电加热水箱的作用和工作原理是什么？

答：电加热水箱内部有电加热器，投运后可提高稀释后的碱液温度，以提高阴树脂的再生效果。加热器根据温度设定值工作，水温加热到高限设定值时自动停止，当水温低于低温设定值时，加热器自动重新启动。

9. 精处理分离塔、阴塔和阳塔主要有哪些作用？

答：分离塔：空气擦洗树脂，擦掉悬浮杂质和腐蚀产物；水反洗使阴阳树脂分离以及去除悬浮杂质和腐蚀产物；储存混脂层。

阴塔：对阴树脂进行空气擦洗、反洗及再生。

阳塔：对阳树脂进行空气擦洗、反洗及再生；阴阳树脂混合；储存已经混合好的备用树脂。

10. 高速混床树脂采用空气擦洗的作用是什么？

答：采用空气擦洗可以将混床内截留或残留的杂质擦洗后除去，避免树脂脏污，保证树脂性能。

11. 精处理混床树脂体外再生有哪些优缺点？

答：（1）体外再生的优点：

1）失效的树脂移出运行混床后，再生好的树脂可移入混床，立即投用，可提高制水设备的效率和利用率。

2）在专用再生塔内再生，有利于提高再生效率。

3）再生液不易漏到系统中，可减少水质污染的机会。

（2）体外再生的缺点：

1）由于体外再生需将树脂移出、移进，因此树脂的磨损率较大。

2）再生操作复杂。在树脂转移过程中增加了水耗，若输送树脂的管路较长、有死角或操作不当，会造成树脂层不平稳。

12. 简述高速混床周期制水量低的原因及处理方法。

答：（1）凝汽器泄漏，水质变差（查漏、堵漏）。

（2）给水加氨过多（调整给水加氨量）。

（3）再生不好（严格按再生程序进行再生）。

（4）树脂量少或阴阳树脂比例不当（加装树脂或调整树脂比例）。

（5）树脂混合不好（重新混合树脂）。

（6）树脂老化变质（更换树脂）。

（7）树脂被污染（复苏或更换树脂）。

（8）进水装置坏或树脂面不平，发生偏流（停运并检修或使树脂面平整）。

（9）再生剂质量不好（更换为合格的再生剂）。

13. 简述高速混床出水水质不合格的原因及处理方法。

答：（1）树脂失效（停运再生）。

（2）树脂混合不均（重新混合）。

（3）凝结水水质劣化（查明原因及时与有关方面联系）。

（4）再生不良（检查再生剂用量、浓度等，严格按再生步骤操作）。

14. 简述高速混床树脂再生后正洗排水水质不合格的原因及处理方法。

答：（1）树脂分层不彻底（按要求重新反洗分层再生）。

（2）再生液不足或浓度低（调整再生液计量或浓度至合适范围）。

（3）树脂污染（复苏树脂，若复苏后仍不合格可更换树脂）。

（4）树脂混合不均匀（重新混合树脂）。

（5）床层偏流（联系检修人员，消除偏流）。

第五节　循环冷却水系统

1. 名词解释：冷却水。

答：作为冷却介质的水称之为冷却水。对于使用水冷或间接空冷凝汽器的机组，把用来冷却汽轮机排汽的水称为循环冷却水。

2. 按照 DL/T 2295—2021《表面式间接空冷机组循环冷却水系统防腐控制导则》的规定，在不加缓蚀剂的条件下，含铝间冷系统循环冷却水水质要求有哪些？

答：（1）电导率 ≤ 2μS/cm。

（2）pH 值 7.0 ～ 8.3。

（3）浊度 ≤ 10 NTU。

（4）氯离子 ≤ 100μg/L。

（5）硫酸根 ≤ 50μg/L。

（6）铁 ≤ 100μg/L。

（7）铝 ≤ 50μg/L。

3. 为什么要对循环冷却水进行处理？

答：循环冷却水中含有的杂质会在凝汽器管内产生水垢和腐蚀。由于水垢的传热性能很低，导致凝结水的温度上升以及凝汽器的真空度下降，从而影响汽轮机发电机的出力和运行的经济性。凝汽器管发生腐蚀会导致穿孔泄漏，使凝结水品质劣化。对于间冷机组，循环冷却水不合格会造成间冷换热器或凝汽器换热管的结垢或腐蚀，影响换热效率或造成换热器泄漏。上述情况均会威胁机组安全运行。因此，必须对冷却水进行处理，使其符合水质要求。

4. 为什么含铝间冷系统循环冷却水的 pH 值不能太高？

答：因为铝是一种双性金属，既显金属性又显非金属性。若循环水 pH 值过高，铝会与水中的 OH^- 发生反应生成 AlO_2^-，其反应式为

$$2Al + 2H_2O + 2OH^- = 2AlO_2^- + 3H_2 \uparrow$$

为避免铝材质受到碱性腐蚀，需确保循环冷却水的 pH 值不能太高。

5. 简述间冷循环冷却水水质劣化时的处理措施。

答：当间冷循环冷却水质指标异常时，应检查取样是否有代表性、化验结果是否正确，综合分析循环冷却水的水质变化。确认水质劣化后，应及时采取换水、旁路净化或提高缓蚀剂加药量等处理措施，使循环冷却水的水质尽快恢复正常。

6. 简述含铝间冷循环冷却水系统停（备）用期间的防腐保护。

答：含铝间冷系统不放水时，系统内充满循环冷却水，水质应符合运行水质要求；放水时，将水放至地下储水箱，并排净散热器和循环水管道内的积水。

7. 机组检修期间，含铝间冷循环冷却水系统的化学检查与维护有哪些？

答：（1）检查散热器冷却管束端口腐蚀状况，重点检查冷却三角进水口附近冷却管端口的腐蚀情况。

（2）可使用内窥镜检查换热管内壁腐蚀、沉积状况，必要时

割管检查。

（3）检查储水箱、膨胀水箱内壁防腐层的完整性及内部腐蚀、沉积情况；防腐层有破损时，应及时进行修复；底部沉积物应清理干净。

（4）检查循环水管道的内壁腐蚀、沉积情况。

第六节　热力设备腐蚀、积盐、结垢与防护

1. 简述火力发电厂的水汽循环系统。

答：经化学处理过的水，进入锅炉，吸收燃料放出的热，转变为具有一定压力和温度的蒸汽，送入汽轮机中膨胀做功，使汽轮机带动发电机转动。做功后的蒸汽排入汽轮机凝汽器，被冷却成凝结水，再由凝结水泵送至低压加热器，加热后送至除氧器除氧，除氧后的水，再由给水泵送至高压加热器，然后经省煤器进一步提高温度后进入锅炉。

2. 什么是化学腐蚀？有何特点？

答：化学腐蚀是指金属表面与非电解质直接发生纯化学作用而引起的破坏。

化学腐蚀的特点是在一定条件下，金属表面的原子与非电解质中的氧化剂直接发生氧化还原反应，形成腐蚀产物。腐蚀过程中，电子的传递是在金属与氧化剂之间直接进行的，因而没有电流产生。

3. 什么是电化学腐蚀？有何特点？

答：电化学腐蚀是指金属表面与电解质发生电化学作用而产生的破坏。

电化学腐蚀的特点是它的腐蚀历程可分为两个相对独立，并可同时进行的过程。在被腐蚀的金属表面上一般存在有隔离的阳极区和阴极区，腐蚀反应过程中电子的传递可通过金属从阳极区

流向阴极区，因而有电流产生。

4. 除氧器的除氧原理是什么？

答：除氧器是以加热的方式除去给水中溶解氧及其他气体的一种设备。其工作原理是基于亨利定律，即任何气体在水中的溶解度与它在汽水分界面上的分压成正比。在敞口设备中将水温升高时，水面上水蒸气的分压升高，其他气体的分压下降，结果使其他气体不断析出，这些气体在水中的溶解度就下降，当水温达到沸点时，水面上水蒸气的压力与外界压力相等，其他气体的分压为零。因此，溶解在水中的气体将被分离出来。

5. 在锅炉给水标准中采用氢电导率而不用电导率的原因有哪些？

答：（1）因为给水采用加氨处理，氨对电导率的影响远大于杂质的影响。

（2）由于氨在水中存在以下的电离平衡：$NH_3 \cdot H_2O = NH_4^+ + OH^-$，经过 H 型离子交换后可除去 NH_4^+，并生成等量的 H^+，H^+ 与 OH^- 结合生成 H_2O。由于水样中所有的阳离子都转化为 H^+，而阴离子不变，即水样中除 OH^- 以外，其他所有阴离子是以对应的酸的形式存在，因此氢电导率能间接反映出除 OH^- 以外的所有阴离子的浓度，其值越小说明水中阴离子含量越低。

6. 水垢的危害是什么？

答：水垢的导热性很差，妨碍传热。当其附着在热力设备受热面内壁时，炉管从火焰侧吸收的热量不能很好地传递给水，影响机组传热效率。同时炉管冷却受到影响，壁温升高，甚至造成炉管鼓包，引起爆管，威胁机组安全运行。

7. 如何防止热力设备结垢？

答：（1）避免给水出现硬度。

（2）尽量降低给水中硅化合物、铁、铜、铝和其他金属氧化物的含量。

（3）保证凝结水 100% 经过精处理系统，确保给水品质。

（4）防止凝汽器泄漏。

（5）保证热力系统所加药剂品质合格。

（6）确保锅炉补给水品质合格。

8. 汽轮机内形成沉积物的原因和特征是什么？

答： 原因：（1）蒸汽在汽轮机内做功过程中，其压力、温度逐渐降低，钠化合物和硅酸在蒸汽中的溶解度也随之降低，它们容易沉积在汽轮机内。

（2）蒸汽中的微小浓 NaOH 液滴及一些固体微粒附着在汽轮机蒸汽通流部分形成沉积物。

各种杂质在汽轮机内的沉积特性如下：

（1）钠化合物沉积在汽轮机的高压段。

（2）硅酸脱水成为石英结晶，沉积在汽轮机的中、低压段。

（3）铁的氧化物在汽轮机的各级叶片上都能沉积。

9. 锅炉给水水质调节的方法都有哪些？

答：（1）给水还原性全挥发处理 AVT（R）。属于传统的给水处理工况，即通过向给水中加氨提高水汽系统的 pH 值，加入联氨或其他挥发性除氧剂除去给水剩余的氧，使水汽系统处于还原性条件下。

（2）给水氧化性全挥发处理 AVT（O）。向给水中加氨提高水汽系统的 pH 值，但不加入联氨或其他挥发性除氧剂使水汽系统处于弱氧化性条件下。

（3）给水加氧工况（OT）。向给水中加入氧化性物质，并辅以少量氨水，使金属表面处于氧化性钝态条件下。

10. 采用 AVT（O）处理方式的原理是什么？

答： AVT（O）即氧化性全挥发处理方式。其原理就是通过热力除氧（即保证除氧器运行正常，允许给水中氧的浓度不超过 $10\mu g/L$），而不再添加其他任何除氧剂进行化学辅助除氧，以提高给水的氧化还原电位（ORP）到 $0 \sim 80mV$ 左右，使水由原来 AVT（R）时的还原性环境改变为弱氧化性环境；同时使铁的电极电位处于 $\alpha\text{-}Fe_2O_3$ 和 Fe_3O_4 的混合区域，此时给水加氨处理的原理同 AVT（R）。AVT（O）使原来 AVT（R）条件下形成的 Fe_3O_4 保护膜变为 Fe_3O_4 和 Fe_2O_3 的混合保护膜，改变了钢铁表面氧化膜的特性，使膜更加致密，因而具有更好的保护性能。

11. 锅炉给水加氨处理的目的及原理是什么？

答：目的是提高锅炉给水 pH 值，防止游离 CO_2 造成的酸性腐蚀。

原理：氨溶于水后呈碱性，利用 $NH_4 \cdot OH$ 的碱性中和 H_2CO_3，反应分两步进行：

$$NH_4 \cdot OH + H_2CO_3 \longrightarrow NH_4HCO_3 + H_2O$$
$$NH_4 \cdot OH + NH_4HCO_3 \longrightarrow (NH_4)_2CO_3 + H_2O$$

12. 锅炉给水加氧的目的和原理是什么？

答：在热力系统中加入氧为生成三氧化二铁提供了所需的氧化还原电位，在碳钢表面形成致密和平整的三氧化二铁钝化膜，可起到抑制热力系统金属腐蚀的作用。

13. 加氧处理影响氧化膜形成的因素有哪些？

答：电导率、pH 值、溶解氧浓度、金属表面状态。

14. 直流锅炉给水加氧处理应满足哪些条件？

答：（1）给水氢电导率应小于 0.15μS/cm（25℃）。

（2）凝结水有 100% 的精处理设备，且运行正常。

（3）除凝汽器管外，水汽循环系统设备应为钢制元件。

（4）锅炉水冷壁管内的沉积量应小于 200g/㎡。

（5）新机组经过 168h 试运行，稳定运行且水质满足加氧要求时，宜尽早考虑实施给水加氧处理的转换。

（6）已经投运数年的机组，应割管检测锅炉系统的结垢情况，必要时，进行锅炉（包括炉前给水系统）的化学清洗后，再转入给水加氧处理。

（7）在线化学仪表满足加氧处理工艺所要求的检测能力。

（8）加氧装置已安装调试完毕。

15. 直流锅炉给水加氧处理转换步骤是什么？

答：（1）停加联氨。转化为加氧方式之前，应提前一个月停止加入联氨。在停加联氨期间，应加强对给水和凝结水中的溶解氧、含铁量和含铜量的监测。水质稳定后即可实施转换工作。

（2）加氧。根据加氧方式，在凝结水精处理出口、给水前置泵的吸入侧、高压加热器和低压加热器加氧点分别或同时进行加氧。

16. 给水采用加氧处理的机组正常停运注意事项是什么？

答：（1）提前 4h 停止加氧，并打开除氧器、高压加热器和低压加热器排气门。

（2）退出旁路凝结水精处理除盐系统，加大精处理出口氨加入量，以尽快提高给水的 pH 值至 9.6 ～ 10.5。

（3）按 DL/T956 相关规定进行停用保养。

17. OT 向 AVT（O）工况转换的条件是什么？

答：（1）机组正常停机前 4h。

（2）当机组给水 CC > 0.15μS/cm 时。

（3）加氧装置有故障无法加氧时。

（4）凝结水精处理发生故障不能投运时。

（5）机组发生 MFT（锅炉主燃料跳闸）时。

18. 蒸汽电导率不合格的原因有哪些？

答：给水含盐量高；运行工况剧变；给水所加药剂品质不良；减温水水质不良；凝汽器泄漏。

19. 凝结水 pH 值低的原因有哪些？

答：凝汽器泄漏；补给水送出酸性水；给水加氨量不足；加氨泵故障，导致出力不足。

20. 给水硅含量高的原因有哪些？

答：凝结水硅含量高；凝结水精处理混床失效；进入除氧器的疏水不合格；给水处理药剂不合格。

21. 凝结水含氧量增高的原因有哪些？

答：（1）凝汽器真空系统漏气。使空气中的氧气溶入凝结水中，造成凝结水含氧量超标。

（2）凝汽器的冷度过大。当凝结水的温度低于该真空度下的饱和温度时，汽侧中的氧有部分溶入水中，使凝结水中含氧量增高。

（3）运行中，凝结泵轴封处不严密，如盘根等处漏气，使空气漏入泵内造成凝结水中的溶解氧超标。

（4）热井水位偏高。

（5）凝汽器补水量大。

（6）凝结水泵和排水泵负压侧漏气。

（7）轴封供汽压力不足。

（8）凝汽器补水喷嘴雾化不良。

22. 给水溶解氧不合格的原因有哪些？

答：（1）除氧器运行参数（温度、压力）不正常。

（2）除氧器入口溶解氧过高。

（3）除氧器装置内部有缺陷。

（4）负荷变动较大，补水量增加。

（5）排汽门开度不合适。

（6）给水泵入口不严。

（7）取样管不严，漏入空气。

（8）分析药品失效或仪表不准。

23. 水汽系统杂质的来源主要有哪几方面？

答：（1）补给水带进的杂质。

（2）凝汽器泄漏带入的杂质。

（3）水汽系统自身的腐蚀产物。

（4）凝结水精处理系统操作带入的微量杂质。

（5）给水处理药品带入的杂质。

24. 凝结水污染的主要原因有哪些？

答：（1）凝汽器系统泄漏。

（2）凝汽器负压系统漏入空气。

（3）补给水水质差。

（4）金属腐蚀产物污染。

（5）生产返回水带入杂质。

（6）化学药品引入的杂质。

25. 凝结水硬度、电导率、二氧化硅不合格的原因及处理方法是什么？

答：原因：

（1）凝汽器泄漏。

（2）补给水劣化。

（3）氢离子交换柱失效（电导率高）。

（4）机组启动时受腐蚀产物影响。

（5）生产回水及疏水质量不合格。

处理方法：

（1）查漏、堵漏，泄漏严重处理无效时，申请停机处理。

（2）查明补给水劣化原因并处理。

（3）联系仪表维护人员更换离子交换树脂。

（4）做好停机防腐工作，机组启动时，严格控制凝结水回收标准。

（5）检查回水及疏水质量。

26. 为什么要对发电机内冷水进行处理？

答：随着运行时间的增加，由紫铜制成的发电机线棒，使内冷水含铜量增加，铜导线的腐蚀日益严重，其腐蚀产物还可能污堵线棒，限制通水量，甚至造成局部堵死。为了保证水内冷发电机的安全经济运行，要对发电机内冷水进行处理。

27. 为什么要严格控制发电机内冷水的硬度？

答：当发电机内冷水硬度增高时，即钙、镁离子浓度超过它的溶度积时，就会从水中析出，附着在内冷水系统表面形成水垢。水垢的导热性能极差，很容易使发电机铜导线的线棒超温，特别是发电机铜导线每个空心换热管，通水面积很小，如果在壁内形成水垢，就会大大降低内冷水的流通面积，从而使发电机线棒冷却效率降低，危及发电机的安全。

28. 发电机内冷水水质差有哪些危害？

答：发电机的定子线棒由通水的空心铜导线和导电的实心扁铜线组成，其空心铜导线内通有冷却水，若冷却水水质差，则会引起空心铜导线结垢、腐蚀，使内冷水含铜量增加，垢和腐蚀产物可能污堵空心换热管，限制通水量，甚至造成局部堵死。另外，若内冷水电导率超标将会造成绕组接地。为了保证内冷发电机安全、经济运行，一定要严格监督、控制内冷水水质。

29. 发电机内冷水处理方法有哪些？

答：（1）单床离子交换微碱化法。

（2）离子交换 – 加碱碱化法。

（3）氢型混床 – 钠型混床处理法。

（4）凝结水与除盐水协调处理法。

（5）离子交换 – 充氮密封法。

（6）溢流换水法、缓蚀剂法、催化除氧法等。

（7）加氨前、后精处理产水协调处理法。

第七节　大型火力发电厂机组水汽化学监督

1. 名词解释：凝结水。

答：凝结水是指汽轮机做功后的蒸汽经凝汽器冷却凝结形成的水。

2. 名词解释：给水。

答：送往锅炉的水称为给水。

3. 名词解释：疏水。

答：疏水是火电厂内部各种蒸汽管道和用汽设备中的蒸汽凝结成的水。

4. 名词解释：氢电导率。

答：被测水样经氢型离子交换树脂将阳离子置换为氢离子，水样中仅留下氢离子和阴离子时所测的电导率。

5. 名词解释：还原性全挥发处理 [AVT（R）]。

答：锅炉给水加氨和联氨的处理。

6. 名词解释：氧化性全挥发处理 [AVT（O）]。

答：锅炉给水只加氨的处理。

7. 名词解释：加氧处理（OT）。

答：锅炉给水加氧的处理。

8. 名词解释：流动加速腐蚀（FAC）。

答：在特定的条件下，碳钢在高速水流中发生的快速腐蚀。

9. 汽水监督的目的是什么？

答：通过对热力设备水、汽质量的监督，及时控制和调整相关参数，不断改善水、汽质量。保证热力系统通流部分不结垢；蒸汽通流部分不积盐；热力设备无腐蚀。

10. 怎样才能取得有代表性的水、汽样品？

答：（1）合理地选择取样点。

（2）正确地设计、安装和使用取样装置（包括取样器和取样冷却装置）。

（3）正确地保存样品，防止已取得的样品被污染。

11. 定期冲洗水样取样器系统的目的是什么？

答：（1）冲走长管段运行中积存的沉积物、水垢、水渣等，防止污堵。

（2）清洁取样系统，防止沉积物对水样产生过滤作用或污染样品而影响水样的真实性、代表性。

（3）活动系统设备，防止因长期不操作而锈死失灵，影响正常调整。

12. 汽水取样装置运行的注意事项有哪些？

答：高压阀门必须处于全开或全关状态，禁止用于节流；冷却水不得中断，以防水样温度过高损坏设备或危及人身安全；当取样装置在运行或检修过程中，各化学仪表的测量系统应保持有水流或电极部分保持一定的水位，防止电极干燥。

13. 锅炉给水系统监督的项目及意义是什么？

（1）溶解氧：防止省煤器和给水系统发生溶解氧腐蚀，同时监督除氧器的除氧效果。

（2）pH值：防止给水系统腐蚀，保证一定的碱性范围但不使含氨量过多，必须监督pH值。

（3）全铁、全铜：防止炉内生成铁垢、铜垢。监督全铁、全铜，也是评价热力系统腐蚀情况的依据之一。

（4）含盐量（或含钠量）、硅：保证蒸汽品质，避免积盐的发生。

（5）氢电导率：防止热力系统受到腐蚀性阴离子的腐蚀。

（6）氯离子：防止奥氏体钢以及碳钢表面钝化膜受到氯离子的腐蚀。

（7）TOCi：防止分解产生酸性物质和腐蚀性阴离子。

14. 为什么直流炉对给水质量的要求十分严格？

答：由于直流炉在正常运行时没有水循环，工质在受热面内受热后直接由水变成蒸汽并过热，且没有汽包，不能进行炉水的加药处理和排污处理，因此由给水带入的盐类和其他杂质，一部分沉积在锅炉的受热面内，还有一部分带入汽轮机，沉积在蒸汽通流部位，还有一小部分返回到凝结水中。如果给水质量不好，给水中的大部分盐类及杂质都将沉积在机炉内，引发爆管，或汽轮机蒸汽通流面积减小，被迫减负荷，甚至停炉等事故，机组的安全经济运行就得不到保证。因此，对直流炉的给水质量要求十分严格，应时刻保持良好的水质，达到与蒸汽同等的质量标准。

15. 超临界及以上机组如何根据材质选择给水处理的方式？

答：（1）除凝汽器外，汽水系统不含铜合金材料时，首选AVT（O）；如果有凝结水精处理设备并正常运行，最好通过试验后采用OT。

（2）除凝汽器外，汽水系统含有铜合金材料，则首选AVT（R），也可通过试验，确认给水的含铜量不超标后采用AVT（O）。

16. 允许锅炉点火、热态冲洗合格、汽轮机冲转前的化学监督参数分别是什么？

答：冲洗至给水氢电导率（25℃）≤ 0.5μS/cm、二氧化硅≤ 30μg/L、铁 ≤ 50μg/L、硬度约 0μmol/L 时，允许锅炉点火。当分离器温度达到190℃时开始热态冲洗，在热态冲洗过程中，当启动分离器出口水铁含量大于1000μg/L时，应将水排掉；铁含量小于1000μg/L时，将水回收至凝汽器，并通过精处理装置进行处理，直至启动分离器出水铁和二氧化硅含量均小于100μg/L时，热态清洗结束。当蒸汽氢电导率（25℃）≤ 0.50μS/cm、二氧化硅 ≤ 30μg/L、铁 ≤ 50μg/L、铜 ≤ 15μg/L、钠 ≤ 20μg/L时，通知值长可以进行汽轮机冲转，并在8h内达到正常运行标准值。

第八节　热力设备停用保护和化学清洗

1. 热力设备停运保护从原理上分为哪三类?

答: 防止热力设备停(备)用腐蚀的方法很多, 按原理可分为以下三类:

(1)防止空气进入热力设备汽水系统, 一般用充氮法和保持压力法。

(2)降低热力设备汽水系统的湿度, 保持停用锅炉汽水系统金属内表面干燥。一般用烘干法和干燥剂。

(3)加缓蚀剂法。使金属表面生成保护膜或者除去水中的溶解氧。所加缓蚀剂有联氨、乙醛亏、丙酮亏、液氨和气相缓蚀剂、十八胺等。

2. 停炉保养的措施是什么?

答:(1)保持停用锅炉汽水系统金属表面的干燥, 防止空气进入, 维持停用设备内部的相对湿度小于 20%。

(2)在金属表面形成具有防腐蚀作用的钝化膜。

(3)使金属表面浸泡在含有除氧剂或其他保护剂的水溶液中。

3. 简述机组停运一周以上、一季度以下的停运保养措施。

答:(1)热力系统无检修, 不要求放水时, 可采用加氨湿法进行保护: 锅炉停运后, 压力降至放水压力时, 开启空气门、排汽门、疏水门和放水门, 放尽锅内存水。用停炉保护加药泵将保护液先从过热器疏水管、减温水管或反冲洗管充入过热器, 过热器空气门见保护液后关闭; 过热器内充满保护液后, 再经省煤器放水门和锅炉反冲洗同时向锅炉充保护液, 直至启动分离器水位至最高可见水位, 最高处空气门见保护液。

(2)热力系统检修, 要求放水时, 则采用氨水碱化烘干法进行保护。具体方法: 在机组停机前 4h, 停止给水加氧, 退出凝结水精处理，加大给水、凝结水氨的加入量，提高系统 pH 值，使 pH > 10，然后热炉放水，余热烘干。

4. 直流锅炉需要化学清洗的条件有哪些？

答：（1）当清洗间隔年限达到 5~10 年时，可酌情安排化学清洗。

（2）当水冷壁管内垢量达到 200g/m² 时，应进行化学清洗。

（3）当过热器、再垫器垢量达到 400g/m² 或发生氧化皮脱落造成爆管事故时，可进行酸洗。

第九节 废水处理、制氢系统及其他部分

1. 生活污水出水水质（COD）不合格的原因是什么？

答：曝气不足；生物挂膜式填料脱落；污泥回流不足。

2. 简述电解法制氢原理。

答：当电流通过氢氧化钾的水溶液（电解液）时，在阴极、阳极上分别发生下列放电反应。

阴极：电解液中的 H^+（水电离后产生的）受阴极的吸引而移向阴极，接收电子而放出氢气，即 $4H^++4e=2H_2\uparrow$。

阳极：电解液中的 OH^- 受阳极的吸引而移向阳极，放出电子而生成水和氧气，即 $4OH^--4e=2H_2O+O_2\uparrow$。

阴、阳极总反应式为 $2H_2O=2H_2\uparrow+O_2\uparrow$。

这样，水电解生成氢气和氧气，氢气由此制出。

3. 电解槽运行温度过高的原因及处理方法是什么？

答：原因：电解槽过负荷运行；电解液浓度过大或碱液循环管堵塞；分离器的冷却水量不够。

处理方法：降低电解槽的负荷；重新配制电解液或冲洗碱液循环管；加大分离器的冷却水量。

4. 离心泵的工作原理是什么？

答：在泵内充满水的情况下，叶轮旋转产生离心力，叶轮槽道中的水在离心力的作用下，甩向外围流进泵壳。于是，叶轮中心压力下降，降至低于进口管内压力时，水在这个压力差的作用下，由吸水池流入叶轮，就这样不断吸水，不断供水。

5. 酸碱中和池的工作原理是什么？

答：酸碱中和池是利用酸和碱的中和反应原理进行工作的，即 $H^++OH^-=H_2O$。中和反应时，酸性废水用碱中和，碱性废水用酸中和，当达到所要求的排放标准时，例如 pH 值 6～9 便可进行排放。

6. 卸酸（碱）时的注意事项有哪些？

答：（1）连接软管时，螺栓拧紧，以防发生泄漏。

（2）拆除软管时，防止残余药液溅到身上。

（3）进行接卸操作时，一定要戴好防护用品。

（4）当被药液溅到时，应立即用大量水冲洗，按照安规规定的急救措施紧急处理后及时送医院治疗。

第四章

典型事故

1. 当浓酸、碱溅到眼睛内或皮肤上、衣服上时，应如何处理？

答：当浓酸溅到眼睛内或皮肤上时，应迅速用大量的清水冲洗，再以 0.5% 的碳酸氢钠溶液清洗。当强碱溅到眼睛内或皮肤上时，应迅速用大量的清水冲洗，再用 2% 的稀硼酸溶液清洗眼睛或用 1% 的醋酸清洗皮肤。经过上述紧急处理后，应立即送医院急救。

当浓酸溅到衣服上时，应先用水冲洗，然后用 2% 稀碱液中和，最后再用水清洗。

2. 何为汽水品质异常"三级处理"？

答：一级处理值：有发生水汽系统腐蚀、结垢、积盐的可能性，应在 72h 内恢复至相应的标准值。

二级处理值：正在发生水汽系统腐蚀、结垢、积盐，应在 24h 内恢复至相应的标准值。

三级处理值：正在发生快速腐蚀、结垢、积盐，4h 内水质不好转，应停炉。

在规定时间不能恢复至正常时提高一级处理。

3. 水泵不出水的原因有哪些？

答：出口门未开或门芯脱落；水箱无水或水位太低；泵内吸入空气；泵内有杂物使水泵进口管道不通；轴承断裂。

4. 简述隔膜柱塞计量泵不上药的原因。

答：隔膜柱塞计量泵不上药的原因主要包括：泵吸入口太高；

吸入道堵塞；吸入管漏气；吸入阀或排气阀有杂物堵塞；油腔内有气。

5. 水泵及电动机在运行中发生哪些情况应立即停止运行？

答：（1）发生人身事故或严重威胁人身安全。

（2）电机、轴承及控制柜冒烟或起火。

（3）泵及电机发生剧烈振动、窜动或严重异常声响。

（4）水泵内有明显的金属摩擦声和撞击声。

（5）泵壳破裂、进出口管道大量漏水。

（6）电机、轴承达到极限温度或盘根严重发热。

6. 简述盐酸泄漏应急处理的方法。

答：应急处理：首先进行通风，尽可能切断泄漏源，人员迅速撤离泄漏污染区，并进行隔离，严格限制出入。应急处理人员戴正压式呼吸器，穿防酸碱工作服，不要直接接触泄漏物。

泄漏处理：用砂土、干燥石灰或苏打灰混合，也可以用大量水冲洗，稀释液用碱中和后排入废水系统。

7. 简述烧碱泄漏的应急处理方法。

答：应急处理：尽可能切断泄漏源，人员迅速撤离泄漏污染区，并进行隔离，严格限制出入。应急处理人员戴正压式呼吸器，穿防酸碱工作服，不要直接接触泄漏物。

泄漏处理：用大量水冲洗碱液，稀释的冲洗水用酸中和后排入废水系统。

8. 简述氨水伤害的急救处理方法。

答：皮肤接触：应避免将接触面积扩大，立即用水冲洗至少15min。若有灼伤，应就医治疗。

眼睛接触：立即提起眼睑，用流动清水或生理盐水冲洗至少15min，再就医治疗。

吸入：迅速脱离现场至空气新鲜处；保持呼吸道通畅；如呼吸困难，给予输氧；如呼吸停止，立即进行人工呼吸，尽快就医。

食入：误服者立即漱口，口服稀释的醋或柠檬汁，尽快就医。

9. 简述次氯酸钠泄漏的应急处理方法。

答：应急处理：迅速撤离泄漏污染区人员至安全区，并进行隔离，严格限制出入；应急处理人员戴正压式呼吸器，穿防酸碱工作服；不要直接接触泄漏物；尽可能切断泄漏源。

少量泄漏：用砂土、蛭石或其他惰性材料吸收。

大量泄漏：构筑围堤或挖坑收容；用泡沫覆盖，降低蒸气灾害；用泵转移至槽车或专用收集器内，回收或运至废物处理场所处置。

10. 简述氢气泄漏的应急处理方法。

答：应急处理：查找漏点并立即检修。供氢站着火时，应立即停止电气设备运行，切断电源，排除系统压力，并用二氧化碳灭火器灭火。由于漏氢而着火时，应用二氧化碳灭火器灭火，并用石棉布密封漏氢处，不使氢气逸出，或用其他方法断绝气源。

第五章

计算题

1. 算下列物质的摩尔质量：$1/2H_2SO_4$、$KMnO_4$、$1/5KMnO_4$（相对原子质量：$K = 39.098$；$H = 1.007\ 9$；$S = 32.06$；$O = 15.999$；$Mn = 54.938$）。

解：

（1）$M（1/2H_2SO_4）= 1/2 \times（2 \times 1.007\ 9+32.06+4 \times 15.999）= 1/2 \times（2.02+32.06+64.00）= 49.04（g/mol）$。

（2）$M（KMnO_4）= 39.098+54.938+4 \times 15.999 = 39.098+54.938+63.996 = 158.032（g/mol）$。

（3）$M（1/5KMnO_4）= 1/5 \times（39.098+54.938+4 \times 15.999）= 1/5 \times（39.098+54.938+63.996）= 31.606（g/mol）$。

2. 计算 0.1mol/L（NaOH）氢氧化钠溶液的 pH 值。

解：NaOH 为强碱，全部电离

$$NaOH \longrightarrow Na^++OH^-$$

$$pOH = -lg[OH^-] = -lg（10^{-1}）= 1$$

$$pH = 14-1 = 13$$

答：0.1mol/L NaOH 氢氧化钠溶液的 pH 值为 13。

3. 已知某溶液 pH = 3.7，该溶液中 $[H^+]$ 是多少？

解：$-lg[H^+] = 3.7$，$lg[H^+] = -3.7$，$[H^+] = 10^{-3.7} = 2.0 \times 10^{-4}$（mol/L）。

答：该溶液中 $[H^+]$ 为 2.0×10^{-4}mol/L。

4. 求 0.001mo/L HCl 溶液的 pH 值。

解：$[H^+]=[HCl]=0.001mo/L$，$pH=-lg[H^+]=-lg0.001=3$。

答：0.001mo/L HCl 溶液的 pH 值为 3。

5. 一种溶液的 pNa=5，其 [Na$^+$] 浓度是多少？

解：pNa=−lg[Na$^+$]=5，[Na$^+$]=10^{-5}mol/L。

答：该溶液 [Na$^+$] 是 10^{-5}mol/L。

6. 90g 水是多少摩尔？

解：水的分子量为 18，90g 水的摩尔数 =90g/（18g/mol）=5mol。

答：90g 水为 5mol。

7. 求 15%H$_2$SO$_4$ 溶液的（ρ=1.10g/cm^3）的摩尔浓度。

解：1.109 × 1000 × 15%/98=1.697。

答：15%H$_2$SO$_4$ 溶液的摩尔浓度为 1.697mol/L。

8. 将 10 克 NaOH 溶于水配成 250 毫升溶液，试求该溶液的摩尔浓度。

解：M=10/（40 × 0.25）=1（mol/L）。

答：该溶液摩尔浓度为 1（mol/L）。

9. 食盐在 10℃时的溶解度是 35.8g，计算这个温度下饱和食盐溶液的质量分数。

解：10℃时食盐的溶液的质量分数为

35.8/（100+35.8）× 100%=26.36%

答：食盐的溶液的质量分数是 26.36%。

10. 把 10℃的 22L 气体在压力一定的条件下升高温度到 100℃，问此时气体的体积为多少升？

解：根据恒压下的公式

v_2=（$v_1 \times t_2$）/t_1=（22 × 373）/283=29（L）

答：气体的体积为 29L。

11. 已知 RO 阻垢剂加药泵为工频泵，最大出力为 7L/h，加药泵在 65% 行程下运行。阻垢剂溶解箱容积 1m^3，阻垢剂标准液的密度为 1.1kg/L，规格为 25L/ 桶。现向溶解箱投加 4 桶阻垢剂并加水稀释至满液位，该溶液密度取 1kg/L。若该泵对应的 RO 系统进水流量为 100m^3/h，系统回收率 75%，脱盐率 98.5%。计算进水中阻垢剂浓度为多少（mg/L）？

解：每小时加药量为 $7 \times 0.65 \times 25 \times 4 \times 1.1/1=500.5$（g）。

加药浓度为 $500.5g/100m^3 \approx 5mg/L$。

答：进水中阻垢剂浓度为 5mg/L。

12. 已知次氯酸钠药剂浓度为 10%，规格为 25kg/桶。若某水池日进水量为 3750m^3，进水连续加入次氯酸钠，加药浓度恒为 2mg/L，计算每天需要消耗多少桶药剂。

解：$3750 \times 2/1000/0.1/25=3$（桶）。

答：每天消耗 3 桶药品。

13. 中和池内有 HCl 含量为 0.1% 的酸性废液 2000m^3，欲将其中和达标排放，问需加入 NaOH 含量为 30% 的工业烧碱多少（m^3）（已知 30%NaOH 的密度为 1.3g/cm^3）。

解：中和反应式为

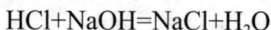

$$HCl+NaOH=NaCl+H_2O$$

$V=$（$2000 \times 0.1\% \times 40$）/（$1.3 \times 30\% \times 36.5$）$=5.62$（m^3）

答：需加入 NaOH 含量为 30% 的工业烧碱 5.62m^3。

14. 在含有 2.0×10^{-2}mol 的 HCl 溶液中加入 3.0×10^{-2}mol 的 NaOH，再将溶液稀释至 1L，计算混合溶液的 pH 值。

解：HCl 和 NaOH 在水中发生酸碱中和反应，因为 NaOH 的物质的量大于 HCl 的物质的量，故 NaOH 有剩余。

剩余 n（NaOH）$=3.0 \times 10^{-2}-2.0 \times 10^{-2}=1.0 \times 10^{-2}$（mol）。

所以［OH^-］$=1.0 \times 10^{-2}$（mol/L），pOH=2.0，pH=14.0−2.0=12.0。

答：混合溶液的 pH 值为 12。

15. 某反渗透装置，处理前水样含盐量 1200mg/L，处理后水中含盐量 20mg/L，求该反渗透的脱盐率。

解：脱盐率＝（处理前水样含盐量－处理后水中含盐量）/处理前水样含盐量＝［（1200−20）/1200］$\times 100\%=98.3\%$。

答：该反渗透的脱盐率 98.3%。

16. 已知辅机冷却水 Cl^-=360 mg/L，补水 Cl^-=120 mg/L，求浓缩倍率。

解：$K=$（Cl^-_c/Cl^-_{ma}）$=360/120=3$。

答：浓缩倍率为 3。

17. 在流速相等的条件下，内径 200mm 管道的流量是内径 100mm 管道流量的几倍？

解：$200^2/100^2=4$。

答：内径 200mm 管道的流量是内径 100mm 管道流量的 4 倍。

18. 已知清水管道流量 $Q=288m^3/h$，清水流速 $v=2.4m/s$，试确定清水管道的直径 d。

解：$Q=288/3600=0.08$（m^3/s），$S=\pi/4\times d^2=Q/v$，$d=0.206m$。

答：清水管道直径为 0.206m。

19. 有一内径为 100mm 的钢管，流速为 1m/s，求经历一小时的水量。

解：$Q=Stv$

$\qquad =（0.1/2）^2\pi\times1\times3600$

$\qquad =0.1^2\times1/4\times3.14\times1\times3600$

$\qquad =28.26$（m^3）

答：经历一小时的水量是 28.26 m^3。

20. 某过滤器直径为 2.5m，流量为 100m³/h，求过滤器滤速。

解：$100/[\pi（2.5/2）^2]=20.4$（m/h）。

答：过滤器滤速为 20.4m/h。

21. 一台离子交换器直径 $d=2.5m$，制水时水的流速最高允许 $v=40m/h$，求这台交换器允许的最大制水流量 Q。

解：$Q=\pi R^2v=3.14\times（2.5/2）^2\times40=196$（$m^3/h$）。

答：这台交换器允许的最大制水流量为 196 m^3/h。

22. 一台阳离子交换器，其直径 $d=2.5m$，树脂层高度 $H=1.6m$，树脂工作交换容量 $G=800mol/m^3$，再生酸耗 $\rho=55g/mol$，求再生时需要用 $w=31\%$ 的工业盐酸多少千克？

解：需纯 HCl 量

$\qquad G_p=\pi R^2HG\rho/1000=3.14\times（2.5/2）^2\times1.6\times800\times55/1000=345.4$（kg）

$\qquad G_{in}=G_纯/\omega=345.4/0.31=1114$（kg）

答：再生时需要用 $w=31\%$ 的工业盐酸 1114 kg。

23. 一台阳离子交换器内装树脂 V=17.5m^3，树脂工作交换容量 250mol/m^3，再生一台需含 NaOH 为 30% 的工业烧碱 1000kg，求再生碱耗。

解：

碱耗 =（1000×1000×30%）/（17.5×250）=68.5（g/mol）。

答：再生碱耗为 68.5 g/mol。

24. 一台阳离子交换器内装树脂 17.5m^3，树脂工作交换容量 250mol/m^3，进水中阳离子总含量 3.2mmol/L，求周期制水量。

解：17.5×250/3.2=1367（m^3）

答：周期制水量为 1367 m^3。

25. 一台阳离子交换器入口水碱度 JD=3.6mmol/L，出口水酸度 SD=2.2mmol/L，周期制水量 V=1600m^3，再生时用质量分数 w 为 31% 的工业盐酸（ρ=1.15kg/L），V_s=1304 L，求此阳离子交换器的再生酸耗 R。

解：

R=（V_s×ρ×ω×1000）/[（JD+SD）×V]

　=1304×1.15×31%×1000/[（3.6+2.2）×1600]

　=50.1（g/mol）。

答：此阳离子交换器的再生酸耗为 50.1 g/mol。

第二篇

脱硫部分

第一章

填空题

1. <u>石灰石 - 石膏湿法</u>是目前应用最广、技术最成熟的脱硫工艺。

2. 脱硫工艺按燃烧过程中所处位置可分为<u>燃烧前脱硫</u>、<u>燃烧中脱硫</u>和<u>燃烧后脱硫</u>。

3. 火力发电厂排出的烟气会对大气造成严重污染，其主要污染物是<u>烟尘和二氧化硫</u>。

4. 烟气和吸收剂在吸收塔中应有足够的<u>接触面积</u>和<u>滞留时间</u>。

5. 钙硫比（Ca/S）是指注入<u>吸收剂量</u>与<u>吸收二氧化硫量</u>的摩尔比。

6. 脱硫吸收剂有两个主要的衡量指标，就是<u>纯度</u>和<u>粒度</u>。

7. 石灰石的<u>细度</u>会影响它的溶解，进而影响<u>脱硫效率</u>。

8. 水力旋流站的运行压力越高，则<u>分离效果</u>越好。

9. 除雾器冲洗的目的：一是<u>防止除雾器堵塞</u>，二是<u>保持吸收塔内的液位</u>。

10. 通过除雾器的烟气的流速过低会减弱气液分离的能力，<u>降低除雾效率</u>。

11. 脱硫系统中基本无有毒、高温及高压的位置，但石灰石浆液对眼睛和皮肤有刺激性，如果在生产中被浆液溅入眼睛，<u>应用清水冲洗</u>。

12. 脱水后的石膏饼进行冲洗的主要目的是降低<u>氯离子</u>含量，提高<u>石膏</u>产品的品质。

13. 吸收塔内石膏结晶的速度主要依赖于浆液池中<u>石膏</u>的过饱

和度。

14. 理论上进入吸收塔的烟气温度<u>越低</u>，就越利于 SO_2 的吸收。

15. 脱硫吸收塔中氧化风不足时，石膏产品中含有大量的<u>亚硫酸盐</u>会使石膏品质下降。

16. 目前烟气脱硫装置内衬防腐的首选技术是<u>玻璃鳞片</u>。

17. 新鲜的石灰石浆液由氧化区补充入吸收塔会<u>降低氧化速度</u>，从而降低<u>脱硫效率</u>。

18. 理论上说，向吸收塔补充石灰石浆液的最合适的位置是<u>吸收区</u>。

19. 湿法脱硫系统中，气相的二氧化硫经扩散作用从气相溶入液相，与水生成亚硫酸。

20. 石灰石 – 石膏工艺中，吸收塔浆液全部循环洗涤一次的平均时间称为吸收塔中<u>浆液循环停留时间</u>。

21. 吸收塔吸收区的 pH 值控制较高，有利于提高<u>二氧化硫</u>的吸收能力。

22. 吸收塔喷淋组件之间的距离是根据所喷液滴的有效<u>喷射轨迹及滞留时间</u>而确定的，液滴在此处与烟气接触，SO_2 通过液滴的表面被吸收。

23. 吸收塔循环浆液中 $CaSO_4$ 的连续生成导致溶液的过饱和，进而产生了<u>石膏晶体</u>。

24. 石膏水力旋流器有双重作用，一个是石膏浆液<u>预脱水</u>，另一个是<u>石膏晶体分级</u>。

25. 一般吸收塔进气口都有足够的向下倾斜角度，是为了保证烟气的<u>停留时间</u>和<u>均匀分布</u>。

26. 在 FGD 第一次启动前，一般要向塔内浆液中加入 5% 左右的石膏晶种，这么做的目的是<u>加快浆液中石膏的结晶</u>。

27. 湿法 FGD 系统中保证吸收塔浆液充分<u>氧化</u>，可以防止结垢现象的发生。

28. 石灰石粉品质要求粒径 <u>325</u> 目，碳酸钙含量 > <u>90%</u>。

29. 石膏品质要求含水率 ≤ <u>10%</u>，石膏纯度 ≥ <u>90%</u>，氯离子

含量 ≤ 0.1%。

30. 吸收塔内主要化学反应由吸收区、氧化区、中和区组成。

31. 吸收塔的顶部设有三级除雾器，脱除 SO_2 后的烟气经除雾器除去烟气中携带的细小液滴，使出口雾滴小于 20 mg/m³（标准状态下）。

32. 脱硫装置浆液内的水在不断循环的过程中，会富集 Cl、F 和重金属元素 V、Ni、Mg 等，一方面加速脱硫设备的腐蚀，另一方面影响石膏的品质，因此，脱硫装置要定期排放一定量的废水。

33. pH 值高，有利于 SO_2 吸收但不利于碳酸钙溶解；反之，pH 值低，有利于碳酸钙溶解但不利于 SO_2 吸收，通过调节加入吸收塔的新鲜石灰石浆液来控制 pH 值。

34. FGD 水的损耗主要途径是：吸收塔蒸发水、石膏附带水分结晶水、脱硫废水排放。

35. 吸收塔内浆液的密度必须控制在指定范围内，过低会导致浆液内石膏结晶困难及脱水困难；而过高则会使系统磨损增大。

36. 石膏通过石膏排出泵，从吸收塔浆液池抽出，输送至石膏旋流器一级脱水系统；经石膏旋流器脱水后的底流石膏浆液其含水率为 50% 左右。

37. 脱硫原烟气穿过吸收塔时，蒸发并带走的吸收塔中的水分以及脱硫反应生成物带出水，将导致吸收塔浆液的浓度增大。

38. 吸收塔系统通过除雾器冲洗水、滤液的补给和脱硫反应生成的固体产物的排出，实现吸收塔浆液密度和液位的控制。

39. 浆液循环泵的作用是将吸收塔浆液池中的浆液经喷嘴循环，并为颗粒细小、反应活性高的浆液雾滴提供能量。

40. 氧化系统把脱硫反应中生成的半水亚硫酸钙（分子式 $CaSO_3 \cdot 1/2H_2O$）氧化为二水硫酸钙（分子式为 $CaSO_4 \cdot 2H_2O$）即石膏。

41. 进入石膏旋流器的石膏悬浮切向流动产生离心运动进行粗细分离。

42. 除雾器冲洗水压力过高会造成烟气二次带水。

43. 事故浆液箱用于储存吸收塔检修、停运、故障情况下排放的浆液。

44. 吸收塔除雾器冲洗时间主要依据两个原则来确定，一个是除雾器差压；另一个是吸收塔液位。

45. 循环喷淋浆液不仅用于吸收烟气中的 SO_2，同时还用来冷却烟气。

46. 水力旋流器运行中重要故障是结垢堵塞。

47. 脱硫后净烟气通过烟囱排入大气，有时会产生冒白烟现象。这是由于烟气中含有大量水蒸气导致的。

48. FGD 事故喷淋除雾器冲洗水阀门保护开条件：FGD 原烟气温度大于 175℃延时 3s，脉冲 3s；或吸收塔出口温度大于 75℃延时 3s，脉冲 3s；或吸收塔浆液循环泵全部未运行，且任意一台引风机运行。

49. FGD 事故喷淋除雾器冲洗水阀门自动关条件：至少 1 台循环泵运行，延时 3s；或 FGD 原烟气温度小于 165℃，延时 3s；或吸收塔出口温度小于 65℃，延时 3s。

50. 位于酸雨控制区和二氧化硫污染控制区的火力发电厂，应实行二氧化硫的全厂排放总量和各烟囱排放浓度双重控制。

第二章

选择题

1. 脱硫后的烟气比未脱硫的烟气在大气中爬升高度要（ B ）。

   A. 高　　　　　B. 低　　　　　C. 一样　　　　　D. 不确定

2. 脱硫 DCS 主要参数历史数据必须保存（ C ）。

   A. 三个月以上　　　　　　　B. 六个月以上

   C. 一年以上　　　　　　　　D. 两年以上

3. 为便于颗粒物和流速参比方法的校验和比对监测，烟气 CEMS 安装位置对烟道内烟气流速要求是（ C ）m/s。

   A. 2　　　　　B. 3　　　　　C. 5　　　　　D. 4

4. 为减少处理后烟气排出烟囱形成的白雾，通常排气温度需要高于烟气饱和温度（ C ）℃以上。

   A. 10　　　　　B. 15　　　　　C. 20　　　　　D. 25

5. 吸收塔内浆液喷嘴采用（ A ）原理。

   A. 压力雾化　　B. 转盘雾化　　C. 气体雾化　　D. 声波雾化

6. HJ 75—2017《固定污染源烟气（SO_2、NO_x、颗粒物）排放连续监测技术规范》规定，固定污染源烟气排放连续监测系统监测站房与采样点之间应尽可能近，原则上不超过（ C ）m。

   A. 50　　　　　B. 60　　　　　C. 70　　　　　D. 80

7. 污染源烟气排放连续监测系统监测站房内应配备不同（ A ）的有证标准气体，且在有效期内。

   A. 浓度　　　　B. 数量　　　　C. 种类　　　　D. 厂家

8. 零点漂移是指在仪表未进行维修、保养或调节的情况下，CEMS 按规定的时间运行后通入零点气体，仪表的读数与零点气体初始测量值之间的偏差相对于满量程的（ A ）。

    A. 百分比　　　B. 积　　　　C. 和　　　　D. 平方

9. HJ 76—2017《固定污染源烟气（SO_2、NO_x、颗粒物）排放连续监测系统技术要求及检测方法》规定，CEMS 样品采集装置应具备加热、保温和反吹净化功能。其加热温度一般为（ C ）℃以上，且应高于烟气露点温度 10℃。

    A. 100　　　　B. 110　　　　C. 120　　　　D. 130

10. 产生酸雨的主要一次污染物是（ B ）。

    A. SO_2、碳氢化合物　　　　　B. NO_2、SO_2

    C. SO_2、NO　　　　　　　　D. HNO_3、H_2SO_4

11. 气体吸收可分为物理吸收和化学吸收两种，其中化学吸收过程的速率是由化学反应速率和（ A ）决定的。

    A. 物理吸收的气液传质速率　　B. 物理吸收气液传质阻力

    C. 化学反应阻力　　　　　　　D. 分子扩散阻力

12. 双膜理论描述了气体吸收过程，即吸收质从气相传递到液相的相间传质过程，请指出下列哪些说法不符合双膜理论的基本论点。（ B ）

    A. 气相中心吸收质是以分子扩散通过气膜和液膜的

    B. 气相中心吸收质是以湍流扩散通过气膜和液膜的

    C. 在气、液两相中，由于呈湍流状态不存在浓度梯度，因而无传质阻力

    D. 在相界面上，气、液两相的溶液总是处于平衡状态

13. 湿法脱硫吸收塔中水吸收 SO_2 的反应，通常被认为是（ A ）。

    A. 物理化学过程　　　　　B. 化学吸收过程

    C. 物理吸收过程　　　　　D. 催化吸收过程

14. 下列因素中对循环浆液中石膏晶体生长影响最小的是（ C ）。

    A. 浆液滞留时间　　　　　B. 浆液 pH 值

    C. 入口烟温　　　　　　　D. 浆液密度

15. 我国大气污染物排放标准中，烟囱的有效高度指（ C ）。

    A. 烟气抬升高度

    B. 烟气抬升高度与烟囱几何高度之差

C. 烟气抬升高度与烟囱几何高度之和

D. 烟囱几何高度

16. 烟囱降雨是烟气中一些来不及扩散的大液滴降落至地面的现象，关于烟囱降雨说法错误的是（ C ）。

A. 雨滴形成的直接原因是除雾器除了含有饱和水蒸气外，还携带有未被除雾器除去的液滴，烟气中的水分主要由从除雾器中逃逸的雾滴组成

B. 雨滴形成还与饱和烟气绝热膨胀及接触烟道和烟囱内壁形成的冷凝物有关

C. 烟道和烟囱内壁因惯性力而形成的液滴直径均较小，这些液滴被带出烟囱后随烟气一起扩散蒸发掉了

D. 当环境温度未饱和时，湿烟羽的抬升高度最初比同温度干烟羽抬升高度要高

17. 关于 pH 值对 $CaSO_3$（$1/2H_2O$）及 SO_2 影响的说法正确的是（ A ）。

A. pH 值升高，$CaSO_3$（$1/2H_2O$）溶解率下降，SO_2 吸收率增大

B. pH 值升高，$CaSO_3$（$1/2H_2O$）溶解率及 SO_2 吸收率均增大

C. pH 值降低，$CaSO_3$（$1/2H_2O$）溶解率及 SO_2 吸收率均减小

D. pH 值降低，$CaSO_3$（$1/2H_2O$）溶解率下降，SO_2 吸收率增大

18. 吸收塔内的烟气流速变化会影响传质系数及脱硫效率的变化，综合考虑烟气最佳控制流速为（ B ）m/s。

A. 2.5~3.5   B. 3.5~4.5   C. 4.5~5.5   D. 5.5~6.5

19. 烟气脱硫系统中大多数的氯离子来自（ A ）。

A. 烟气中的 HCl   B. 补充的工艺水

C. 脱硫剂   D. 添加剂

20. 关于液气比描述错误的是（ D ）。

A. 液气比的大小反映吸收过程推动力和吸收速率的大小

B. 提高液气比，可提高总体传质系数

C. 液气比决定吸收表面积大小

D. 液气比减小，有利于防止结垢

21. 湿法脱硫工艺中,吸收塔内浆液浓度控制方式不包括（ D ）。

  A. 调节排浆泵排出量   B. 除雾器冲洗水量

  C. 脱硫剂加入量   D. 烟气进出口 SO_2 量

22. 烟气的标准状态指烟气在温度为（ A ），压力为 101325Pa 时的状态。

  A. 273.15K B. 168.25K C. 120K D. 173℃

23. 下列不属于烟气脱硫吸收塔内物理化学反应的是（ B ）。

  A. SO_2 的吸收   B. 石灰石的制备

  C. 亚硫酸氢根的氧化   D. 石膏的结晶

24. 烟气和吸收剂在吸收塔中应有足够的接触面积和（ A ）。

  A. 滞留时间 B. 流速 C. 流量   D. 压力

25. 一般情况下,吸收塔内按所发生的化学反应过程可分为（ B ）三个区。

  A. 吸收区、中和区、氧化区 B. 吸收区、氧化区、中和区

  C. 中和区、吸收区、氧化区 D. 氧化区、吸收区、中和区

26. 下列化学反应式中,发生在吸收塔吸收区的主要化学反应的是（ A ）。

  A. $SO_2+H_2O=H_2SO_3$

  B. $Ca(HSO_3)_2+1/2O_2=CaSO_4 \cdot 2H_2O$

  C. $CaCO_3+2H^+=Ca^{2+}+H_2O+CO_2$

  D. $Ca^{2+}+SO_4^{2-}+2H_2O=CaSO_4 \cdot 2H_2O$

27. 运行中测得烟气脱硫系统出口 SO_2 浓度为 $25mg/m^3$,含氧量为 8.76%,则出口 SO_2 的折算浓度比实测值（ A ）。

  A. 增大 B. 减小 C. 保持不变 D. 不确定

28. 进入吸收塔的烟气温度越低,就越有利于（ B ）,从而提高脱硫效率。

  A. 碳酸钙的溶解   B. SO_2 的吸收

  C. 石膏晶体的析出   D. 降低 Cl^- 浓度

29. 净烟气的腐蚀性要大于原烟气,主要是因为净烟气（ D ）。

  A. 含有大量氯离子   B. 含有三氧化硫

  C. 含有大量二氧化硫   D. 温度低且含水量大

30. 除雾器冲洗一般不建议冲洗最后一级背面，试验证明，在烟气流速为 3.0~3.7m/s 时，烟气将夹带最后一级背面冲洗水的（ A ）。
    A. 10%~20%　　B. 20%~30%　　C. 30%~40%　　D. 40%~50%

31. 为防止脱硫后烟气携带水滴对系统下游设备造成不良影响，必须在吸收塔出口处或净烟道上加装（ B ）。
    A. 水力旋流器　B. 除雾器　　　C. 布风托盘　　D. 再热器

32. 脱硫运行中要严格控制脱硫循环浆液 pH 值在合理范围，这样能防止结垢。过高的 pH 值会生成 CaSO4 硬垢，同时也会生成（ A ）软垢。
    A. $CaSO_3$
    C. $CaSO_4 \cdot 2H_2O$
    B. $CaCO_3$
    D. CaO

33. 为保证除雾器冲洗效果，通常冲洗水的覆盖率应大于（ C ）。
    A. 100%　　　　B. 120%　　　　C. 150%　　　　D. 200%

34. HSO_3^- 在 pH 值为（ B ）时被氧化的速率最快。
    A. 4　　　　　B. 4.5　　　　　C. 5　　　　　　D. 5.5

35. 除雾器冲洗期间烟气带水量一般是不冲洗时的（ B ）倍。
    A. 2~3　　　　B. 3~5　　　　　C. 6~8　　　　　D. 8~10

36. 石灰石 – 石膏湿法烟气脱硫系统应采取一定措施预防结垢，下列哪项措施是错误的（ C ）。
    A. 提高锅炉电除尘效率　　　　B. 控制吸收塔浆液过饱和度
    C. 运行时不冲洗除雾器　　　　D. 停运时对管道的浆液及时冲洗

37. 吸收塔内石灰石活性降低时，可向吸收塔内注入（ A ）来恢复活性。
    A. NaOH　　　B. CaCO3　　　C. MgO　　　　D. 氨水

38. 石灰石 – 石膏湿法脱硫吸收塔中，循环浆液的 pH 值过高会造成脱硫效率下降，是因为（ A ）。
    A. H^+ 浓度降低不利于碳酸钙的溶解
    B. 钙硫比降低
    C. 循环浆液中钙离子浓度增加
    D. 硫酸钙过于饱和

39. 烟气含尘浓度高对脱硫系统的影响有（ D ）。

    A. 提高脱硫效率

    B. 提高石灰石的消溶速率

    C. 提高石膏的白度和纯度

    D. 增加脱水系统管路堵塞的可能性

40. 吸收塔浆液强制氧化的目的是（ D ）。

    A. 减少脱硫 SO_2 吸收　　　　B. 降低脱硫效率

    C. 促进亚硫酸钙管道结垢　　　D. 提高石膏品质

41. 除雾器冲洗喷嘴的性能指标有喷射断面上水量分布均匀程度和（ B ）。

    A. 扩张角　　　　　　　　　　B. 喷射压力

    C. 喷嘴口径　　　　　　　　　D. 喷嘴尺寸

42. 下列关于吸收塔托盘的描述错误的是（ B ）。

    A. 托盘是一种两相逆流筛孔板，可使烟气在托盘表面上形成泡沫层，有利于脱硫效率提高

    B. 托盘上的隔板是为了增大气液间的脉动，使气流通量稳定

    C. 托盘产生的压降进一步促进了烟气分布的均匀性

    D. 托盘产生的压降，其中一种是表面张力产生的

43. 浆液切向进入旋转室，旋转室一分为二，分别向上、下两个方向的喷嘴喷出是喷嘴的（ C ）特性。

    A. 空心锥切线型　　　　　　　B. 实心锥切线型

    C. 双空心锥切线型　　　　　　D. 轴流实心型

44. 启动吸收塔搅拌器前，必须使吸收塔（ D ），否则会产生较大的机械力而损坏轴承。

    A. 排空　　　　　　　　　　　B. 有部分浆液

    C. 液位和叶片平齐　　　　　　D. 浆液浸没叶片

45. 启动氧化风机前，如果没有打开出口门或放空阀，会造成（ A ）。

    A. 风机超负荷而无法启动　　　B. 出口压力过低

    C. 电机温度过高　　　　　　　D. 振动值超标

46. 吸收塔浆液氧化反应，主要使 HSO_3^- 转化成（ B ）。

    A. H_2SO_3 B. $CaSO_4 \cdot 2H_2O$

    C. SO_4^{2-} D. HSO_4

47. 除雾器冲洗时间的长短和冲洗间隔的时间与（ A ）有关。

    A. 吸收塔液位   B. 烟气流速

    C. 循环浆液 pH 值   D. 循环浆液密度

48. 石灰石 - 石膏湿法烟气脱硫工艺中，逆流喷淋空塔的优点有（ B ）。

    A. 压损大   B. 吸收塔浆液雾化液滴效果好

    C. 塔内结构复杂   D. 易结垢和堵塞

49. 下列不属于造成除雾器堵塞的因素是（ D ）。

    A. 冲洗系统设计不合理   B. 冲洗水质量不合格

    C. 板片间距过大或过小   D. 锅炉负荷大小

50. 搅拌吸收塔浆池内的浆液除了悬浮浆液中的固体颗粒外，还可起到（ D ）的作用。

    A. 对氧化空气进行均匀地分配

    B. 促进石灰石溶解

    C. 提高氧化效果和有利于石膏结晶的形成

    D. 上述三项都能达到

51. 除雾器的两级除叶片之间的距离一般是（ B ）m。

    A. 1.2~1.5   B. 1.0~1.5   C. 1.8~2.0   D. 1.1~1.9

52. 给氧化空气增湿的主要目的是（ C ）。

    A. 提高脱硫效率   B. 冷却氧化风温

    C. 防止氧化空气管及喷嘴结垢   D. 提高氧化效率

53. 影响吸收塔中除雾器除雾效率的因素很多，其中不包括（ B ）。

    A. 叶片之间的距离   B. 冲洗水量大小

    C. 除雾器布置形式   D. 烟气流速

54. 浆液在吸收塔中的停留时间通常不低于（ B ）h。

    A. 12   B. 15   C. 18   D. 20

55. 脱硫工艺中，随着氧浓度的增加，石灰石消溶率（ A ）。

    A. 增大   B. 减小   C. 不变   D. 不一定

56. 湿法脱硫中，对石灰石消溶率有促进作用的是（ C ）。

A. 吸收塔 pH 值升高　　　　　B. 氧浓度减小

C. SO_2 浓度升高　　　　　　D. 温度降低

57. 石灰石成分中能去除 SO_2 的物质包括 $CaCO_3$ 和（ B ）。

A. 氧化铝　　B. $MgCO_3$　　C. SiO_2　　　D. 氧化铁

58. 湿法脱硫产生的石膏与天然石膏相比，有（ B ）的特点。

A. 成分不稳定，纯度高于天然石膏　　　　B. 含水率高

C. 脱硫石膏堆积密度小　　　　　　　　　D. 颗粒较粗

59. 脱硫脱水系统中，在设计范围内，石膏旋流器的运行压力越高，则（ A ）。

A. 旋流效果越好　　　　　　B. 旋流子磨损越小

C. 底流的石膏浆液越稀　　　D. 石膏晶体生长得越快

60. 在石灰石 - 石膏脱硫系统中，影响石膏垢形成的主要因素是（ C ）。

A. 循环浆液 pH 值　　　　　B. 循环浆液氧化程度

C. 在环浆液中的过饱和度　　D. 循环浆液密度

61. 脱硫工艺中，水环式真空泵经常发生内部结垢现象，导致转子无法转动，造成这一现象的原因不包括（ D ）。

A. 泵转子与壳体之间间隙变小、堵塞

B. 真空泵的工作介质

C. 水硬度高，水中钙、镁化合物沉淀结垢

D. 真空度高

62. 旋流器运行当中发生"溢流跑粗"现象，可能是（ C ）原因造成的。

A. 供浆浓度过大　　　　　　B. 底流沉砂嘴直径过大

C. 底流沉砂嘴堵塞　　　　　D. 供浆浓度过低

63. 如果化验表明脱硫石膏产品中亚硫酸盐的含量过高，则应检查系统中（ C ）的运行情况。

A. 石灰石浆液泵　　　　　　B. 循环泵

C. 氧化风机　　　　　　　　D. 石膏旋流器

64. 脱硫石膏品质主要指标不包括（ D ）。

 A. 石膏含湿量 B. 碳酸钙含量

 C. 氯离子含量 D. 吸收塔浆液浓度

65. 以下设备中用于保护电气设备免受过电压危害的是（ B ）。

 A. 电压互感器 B. 避雷器 C. 真空断路器 D. 电流互感器

66. 基于热电效应原理的温度计是（ B ）。

 A. 热电阻温度计 B. 热电偶温度计

 C. 辐射温度计 D. 光纤温度计

67. 与软填料密封相比，机械密封的优点是（ C ）。

 A. 密封性能差 B. 价格低 C. 使用寿命长 D. 结构简单

68. 浆液循环泵拆开电源线的检修工作完成后，必须对电机进行试转，主要目的是检查电机的（ B ）。

 A. 运行是否平稳 B. 转向是否符合要求

 C. 轴承温度是否正常 D. 振动值是否超标

69. 下列不属于影响搅拌器桨叶性能因素的是（ D ）。

 A. 桨叶直径 B. 桨叶速度

 C. 叶片的几何尺寸 D. 材质

70. 烟气中的 SO_3、SO_2 以及 HCl 造成的金属腐蚀属于（ B ）。

 A. 电化学腐蚀 B. 化学腐蚀 C. 结晶腐蚀 D. 磨损腐蚀

71. 在金属表面会产生应力作用，致使表皮脱落、粉化、疏松或产生裂缝的腐蚀属于（ C ）。

 A. 电化学腐蚀 B. 化学腐蚀 C. 结晶腐蚀 D. 磨损腐蚀

72. 石膏旋流器底部排出的浆液浓度为（ C ）左右。

 A. 30% B. 40% C. 50% D. 60%

73. 二级脱水后的石膏含水量为（ B ）左右。

 A. 8% B. 10% C. 12% D. 15

74. 下面有关除雾器冲洗水压力的描述，不正确的是（ A ）。

 A. 冲洗水压力是由除雾器的压差决定的

 B. 各级除雾器的冲洗水压力不同

 C. 冲洗水压过高会造成烟气二次带水

 D. 冲洗水压力低，冲洗效果差

75. 脱硫系统临时停运时，一般不会停止运行的是（ A ）。

    A. 工艺水系统　　　　　　　　　B. 吸收塔系统

    C. 烟气系统　　　　　　　　　　D. 石灰石浆液系统

76. 造成吸收塔液位升高的原因可能是（ C ）。

    A. 连续高负荷运行　　　　　　　B. 除雾器冲洗时间间隔太长

    C. 石灰石浆液密度维持较低　　　D. 排放废水

77. Ca/S 摩尔比越高，则（ A ）。

    A. Ca 的利用率越低　　　　　　B. 脱硫效率越低

    C. 浆液 pH 值越低　　　　　　　D. 氧化率越低

78. 用玻璃电极测溶液的 pH 值，是因为玻璃电极的电位与（ C ）呈线性关系。

    A. 酸度　　　　　　　　　　　　B. H$^+$ 浓度

    C. 溶液的 pH 值　　　　　　　　D. 离子浓度

79. 由于粉煤灰含有大量（ C ），因此它可以作为建材工业的原料使用。

    A. CaO 和 SiO$_2$　　　　　　　　B. CaO 和 Al$_2$O$_3$

    C. SiO$_2$ 和 Al$_2$O$_3$　　　　　　　D. MgO 和 CaO

80. 对二氧化硫的吸收速率随 pH 值的降低而下降，当 pH 值降到（ B ）时，几乎不能吸收二氧化硫。

    A. 3　　　　　　B. 4　　　　　　C. 5　　　　　　D. 6

81. （ D ）会造成水力旋流器的脱水能力下降。

    A. 石膏浆液泵出口压力较高

    B. 石膏浆液浓度较大

    C. 旋流器进料管较长

    D. 石膏水力旋流器投入运行的数目太少

82. 石灰石的（ B ）会影响它的溶解，进而影响脱硫效率。

    A. 纯度　　　　　　　　　　　　B. 细度

    C. 硬度　　　　　　　　　　　　D. CaO 质量分子数

83. 关于溶液的 pH 值，下面叙述正确的是，（ C ）。

    A. pH 值越高，就越容易对金属造成腐蚀

    B. pH 值越高，溶液的酸性就越强

C. pH 值越低，溶液的酸性就越强

D. pH 值用于度量浓酸的酸度

84. 脱硫系统需要投入的循环泵的数量和（ D ）无关。

    A. 锅炉负荷的大小　　　　　　　B. 烟气中二氧化硫浓度

    C. 入炉煤的含硫量　　　　　　　D. 吸收塔液位

85. 适当降低吸收塔内的 pH 值，（ A ）。

    A. 可以达到减少结垢的目的

    B. 有利于提高脱硫效率

    C. 可以提高二氧化硫的吸收率

    D. 能够减缓吸收塔内设备的腐蚀

86. 氧化风机在运行过程中，电流逐渐增大，可能是（ D ）。

    A. 出口阀漏气　　　　　　　　　B. 冷却水度逐渐升高

    C. 吸收塔液位逐渐变低　　　　　D. 入口过滤器太脏

87. 脱硫系统的工艺水中若含有颗粒性杂质，下列哪种情况不会发生（ B ）。

    A. 堵塞喷嘴　　　　　　　　　　B. 堵塞循环泵入口滤网

    C. 堵塞除雾器　　　　　　　　　D. 磨损使用轴封水的轴和密封

88. 脱硫系统中大多数输送液的泵在连续运行时形成一个回路，浆液流动速度应足够高，以防止（ A ）。

    A. 固体的沉积　　　　　　　　　B. 对管道冲刷磨损

    C. 管道结垢　　　　　　　　　　D. 管道堵塞

89. 当石膏泵在运行一段时间后，出口管路压力逐渐升高，这可能是（ C ）。

    A. 泵的出力增加

    B. 出口管冲刷磨损

    C. 出口管路结垢或有石膏沉积现象

    D. 入口阀漏气

90. 若除雾器清洗不充分将引起结垢和堵塞，当这种现象发生时，可从烟气的（ B ）得到判断。

    A. 流量增加　　　　　　　　　　B. 压降增加

    C. 带水量加大　　　　　　　　　D. 排出温度升高

91. 如果脱硫系统液位测量发生故障时，应立即（ A ）。

    A. 用清水冲洗液位计　　　　　B. 停止向吸收塔补水

    C. 停止向吸收塔排石灰石浆液　D. 停运工艺水泵

92. 滤液箱中滤液一部分送到吸收塔，另一部分作为制浆的补充水送到（ D ）系统再次使用。

    A. 除雾器　　　　　　　　　　B. 工艺水

    C. 吸收塔　　　　　　　　　　D. 石灰石浆液制备

93. 喷淋吸收塔内加装烟气托盘的主要目的是（ C ）。

    A. 方便检修循环浆液喷嘴　　　B. 加大吸收塔阻力

    C. 均布烟气　　　　　　　　　D. 增加吸收塔强度

94. 下列物质中不作为二氧化硫吸着剂的物质是（ D ）。

    A. 氧化钙　　　　B. 氨水　　　　C. 氢氧化钙　　　　D. 三氧化二铁

95. 湿法脱硫工艺中，氯对烟气脱硫系统的影响是（ B ）。

    A. 促进 SO_2 的吸收过程、提高 SO_2 的去除率

    B. 氯化物抑制吸收剂的溶解

    C. 减小成品石膏中含水量，提高石膏品质

    D. 氯化物浓度增高，石膏中 $CaCO_3$ 量减小

96. 循环浆液的 pH 高于 5.8 后，系统脱硫效率反而下降，是因为（ A ）。

    A. H^+ 浓度降低不利于碳酸钙的溶解

    B. 钙硫比降低

    C. 循环浆液中钙离子浓度增加

    D. 硫酸钙过于饱和

97. 脱硫剂颗粒变大时，在保证相同脱硫效率的前提下，（ B ）。

    A. 脱硫剂的耗量会减小　　　　B. 脱硫剂的耗量会增加

    C. 脱硫剂的耗量不变　　　　　D. 系统 Ca/S 减小

第三章

问答题

1. 吸收塔托盘的作用有哪些？

答：烟气通过吸收塔托盘后，被均匀分布到整个吸收塔截面。它极大地提高了吸收塔的脱硫效率，这不但使得主喷淋区烟气分布很均匀，而且吸收塔托盘使烟气和石灰石浆液通过在托盘上的液膜区域充分接触，以最大效率地去除烟气中的 SO_2。

2. 浆液循环泵的作用是什么？

答：浆液循环泵的作用是把吸收塔反应罐内浆液连续地升压向塔内喷淋层提供喷淋浆液，提供喷嘴雾化能效，使浆液喷淋区内形成较强的雾滴环境，液滴与逆流上升的烟气充分接触，吸收 SO_2 气体，从而保证适当的液气比（L/g），以可靠地脱除烟气中的 SO_2。

3. 脱硫系统中氧化风机的作用是什么？

答：加快氧化速度，把亚硫酸钙氧化成硫酸钙。亚硫酸钙在正常的情况下也能氧化，但是为了提高生产效率，就要增加氧气供应量，促进氧化。

4. 吸收塔搅拌器的作用是什么？

答：（1）使新加入的吸收剂浆液尽快分布均匀（如果吸收剂浆液直接加入罐体中），加速石灰石的溶解。

（2）避免局部脱硫反应产物的浓度过高，这有利于防止石膏垢的形成。

（3）提高氧化效果和有利于石膏结晶的形成。

5. 吸收塔石膏排出泵的作用是什么？

答：石膏浆液排出泵的作用是将吸收塔内生产的石膏浆液排

出吸收塔，并送入石膏脱水系统进行脱水处理。

6. 除雾器的工作原理是什么？

答：当带有液滴的烟气进入除雾器烟道时，由于流线的偏折，在惯性力的作用下实现气液分离，部分液滴撞击在除雾器叶片上被捕集下来。

7. 吸收塔塔壁上的小管道有何作用？

答：该管道称为检漏管，也叫信息管，主要作用就是警示此梁内部防腐已出现问题，即出现内漏了。如没有这个管，大量腐蚀泄漏停机后很难发现。

8. 为什么脱硫出口烟气 SO_2 浓度低腐蚀性大？

答：煤炭燃烧时除生成 SO_2 以外，还生成少量的 SO_3，正常烟气中 SO_3 的浓度为 SO_2 的 1%~2%。这些酸性气体在遇到水汽的时候形成酸，对设备腐蚀性大。脱硫出口烟气 SO_2 浓度虽然低，但是含有大量水汽，形成的酸多，故腐蚀性较大。同样的道理，锅炉烟道在低温处腐蚀性较大也是如此。常见的腐蚀区域有低温省煤器出口、各人孔门附近。

9. 氧化风管减温水的作用是什么？

答：氧化风机在进气温度为 40℃ 时，出口排气温度不得高于 140℃，否则会降低氧气溶解度。如果输入的氧化空气不足会导致脱硫效率降低，并在吸收塔中结垢。氧化风管正常浸没在吸收塔浆液内，处于干湿界面。为了防止氧化风管道结垢，在氧化风管进吸收塔的每个支管上都设有减温水。加湿以防止氧化空气管道结垢堵塞。故作用是降温与防止结垢。

10. 石膏旋流器沉砂嘴在长时间使用过程中孔径会变大，有何影响？

答：（1）孔径变大后，旋流效果变差，底流浓度变低，流量增大，会影响石膏品质，增加石膏的含水率。

（2）孔径变大，影响石膏品质的同时，一些正常由废水系统排放的细小颗粒增多，对改善吸收塔浆液品质有利。

11. 如何通过底流状况判断旋流器旋流子是否工作正常？

答：正常的旋流子底流浆液伞状排出，判断依据为沉砂夹角为 10°~20°。如果角度太大，有三个原因：

（1）沉砂嘴太大，且沉砂浓度太低。此时可以通过更换小沉砂嘴来调整。

（2）给浆压力太小，应该调节泵的给浆压力，使之满足工艺条件。

（3）给浆量太小，给浆浓度太低。

如果底流呈现柱状，则表示旋流子工作不正常，需要检查旋流子是否有堵塞的情况。

12. 除雾器冲洗水的作用是什么？

答：（1）除雾器工作过程中会有浆液不断沉积，为了保证除雾器的工作效率，需要定期对除雾器表面进行冲洗，避免浆液在除雾器叶片上结垢堵塞烟气通道或增加系统阻力，从而影响除雾器的工作效率。

（2）吸收塔正常运行中，热烟气与浆液进行换热，浆液中的水分会持续蒸发，为了保证吸收塔的液位，可通过冲洗除雾器对吸收塔进行补水，保持运行过程中的水平衡。

13. 脱硫系统水的消耗有哪些？

答：脱硫系统消耗水的方式有三种，由大到小分别是：①烟气蒸发。②脱硫废水排放。③石膏携带 10% 左右的水。

其余消耗的，如冲洗水等，最终还会回到吸收塔，故不能算作消耗。

14. 并联运行的水泵温度高、声音响、振动大的原因是什么？

答：水泵温度高，说明水未流动，水泵不出水，叶轮与泵内介质机械摩擦产生热量。这就是常说的打闷泵，一般这个现象还伴有异音和振动。主要发生原因是，外界用水需求小、并联运行的水泵扬程不一致、泵出口阀门故障、止回阀卡涩等原因。

15. 石灰石粉反应速率的定义和意义是什么？

答：石灰石粉反应速率是指石灰石粉中碳酸盐与盐酸反应的速率。

石灰石反应速率越大，脱硫反应效果就越好，石灰石脱硫效率也就越高。某些反应活性强的石灰石能提高脱硫效率，并且石灰石利用率较高。活性差的石灰石溶解困难，pH 值无法提升，不仅脱硫效率低，还会降低石膏品质，降低石灰石利用率。

16. 石灰石中 SiO_2 杂质对系统的影响是什么？

答：（1）SiO_2 硬度较高，磨蚀性较强，SiO_2 含量较高的石灰石难以研磨，会增加球磨机的磨损，钢球耗量也较大。另外，研磨后的石灰石颗粒也较粗，在系统运行过程中加剧循环泵、喷嘴以及输送管道的磨损。

（2）SiO_2 不参与脱硫反应，会沉积在吸收塔内，部分通过石膏排出，降低石膏纯度。

17. 烟囱出口 CEMS 采样管伴热带停运，SO_2 测量浓度如何变化？

答：吸收塔出口烟气含湿量、温度相比环境温度均较高，烟气通过采样管到 CEMS 分析仪进行分析，其间温度会降低，导致烟气冷凝，烟气冷凝的过程中一方面部分 SO_2 溶解于水中导致烟气中 SO_2 浓度下降，另一方面冷凝的水会堵塞采样管道。故伴热带停运后 SO_2 测量值会逐渐降低，时间长后，会趋向于零。

18. pH 值对 SO_2 吸收的影响有哪些？

答：吸收塔浆液吸收 SO_2 起主要作用的是化学吸收，系统 pH 值越高，溶液酸碱梯度就越大，吸收速率也就越快。但是，高 pH 值会使 $CaCO_3$ 的溶解受阻，又使过程速率变慢。有实验室分析了 SO_2 与水反应的动力方程，当系统 pH<4.0 后，SO_2 几乎不被浆液吸收。故一般最佳的 pH 值保持在 4.5~5.5。

19. 吸收塔中氯离子浓度对系统的影响有哪些？

答：①强烈的腐蚀性；②抑制塔内的化学反应；③影响石膏品质；④增加用电。

20. 喷淋层局部堵塞对脱硫效率的影响有哪些？

答：喷淋层位于吸收塔的中上部，通过浆液循环泵将浆液雾化与烟气发生反应。喷淋层局部堵塞后，部分烟气洗涤效果变差，甚至形成烟气通道，烟气不发生反应直接通过脱硫塔。喷淋层局部堵塞后流场还会发生变动，部分高温烟气无法得到有效降温，引起局部部件高温损坏。部分电厂采用浆液循环泵单泵运行，喷淋层局部堵塞后，上述现象变得更为明显。

21. 除雾器结垢和堵塞有哪些原因？

答：（1）浆液 pH 值控制过高，液气比过大。吸收塔循环浆液中含有过剩的吸收剂（$CaCO_3$），当烟气夹带浆液通过除雾器时，液滴被捕集在除雾器板片上，如果未被及时清除，浆液会继续吸收烟气中未除尽的 SO_2，生成亚硫酸钙/硫酸钙，在除雾器板片上析出沉淀而形成垢。

（2）冲洗效果差，冲洗系统设计不合理，冲洗水管破损、冲洗水压力不足，喷嘴掉落，冲洗水电动门故障，冲洗周期不足。以上原因导致冲洗除雾器面的效果变差，产生结垢现象。

（3）冲洗水质量。如果冲洗水中不溶性固体物含量较高，可能堵塞喷嘴和管道造成很差的冲洗效果。如果冲洗水中 Ca^{2+} 达到过饱和，例如高硬度的地下水或工艺回收水，则会增加产生亚硫酸盐/硫酸盐的反应，导致除雾器结垢。

（4）除雾器板片的间距。板片间距太小易发生固体堆积、堵塞板间流道。但太宽会使临界流速下降，除雾效果下降。

22. 蒸发量不大的情况下，生产过程中通过哪些方法保持脱硫系统的水平衡？

答：在保证满足脱硫系统安全运行的前提下，保证进入脱硫系统的各种水与排出脱硫系统的水达到平衡，以使吸收塔保持正常液位。生产过程中的具体方法如下：

（1）依据机组负荷和吸收塔液位，合理调整除雾器的冲洗次数和间隔。

（2）合理使用管道及设备的冲洗水量，避免大量用水而减少了除雾器的冲洗水量，避免用水量太少而引起设备或管道的堵塞。

（3）关闭停运设备的冷却水和密封水。

（4）石灰石制浆系统尽量使用滤液水。

（5）控制石灰石浆液密度在设计值附近，提高供浆密度。

（6）合理排放脱硫废水。

（7）提高真空皮带机的出力，减少真空皮带机的运行时间。

（8）在保证除雾器正常冲洗的前提下，考虑各吸收塔初级脱水系统的运行方式，合理分配公用系统的稀浆和地坑内浆液至各吸收塔的时机和数量。

（9）及时处理阀门泄漏。

23. 旋流子工作中出现哪些现象表示出现异常？

答：（1）溢流有较多的粗颗粒出现，而且沉砂呈柱状排出，证明旋流器出现了堵塞，应该及时排除，按照上述调节进行调整。

（2）沉砂出现绳状排出，证明给浆浓度太高，应该及时调节给浆浓度。

（3）旋流器出现长时间的剧烈抖动，证明旋流器堵塞，需要降低压力和多开旋流器台数或者换大沉砂嘴来排除。

（4）旋流子出现渗液，表明设备材质老化，需要更换。

24. 脱硫系统运行中浆液密度下降缓慢的原因是什么？

答：（1）表计不准。（不能反映正常密度。）

（2）进口 SO_2 含量太高，超出石膏脱水的能力（进大于出）。

（3）系统氧化风量不足，石膏难以结晶，无法排出（结晶不好）。

（4）吸收塔塔起泡或石膏排出泵的出力不足，旋流子运行数量过少，或旋流子堵塞没有底流（出力不足）。

（5）石灰石中杂质含量过多，造成给浆量过大（石灰石在吸收塔内也反应为密度）。

（6）旋流站压力未调整好，压力过大造成底流流量过小（调整问题）。

（7）真空皮带机尾部刮刀未调整好，石膏未刮净，返回至滤液水箱回流至吸收塔（返料过多，低密度下严重）。

（8）脱水时长时间不补充水量，液位下降引起密度下降缓慢（浓缩导致密度不降）。

（9）吸收塔内盐浓度过高，造成溶质密度大（可溶盐密度脱水无法下降，只能排废降低）。

25. 烟温高低对防腐衬里的影响有哪些？

答：（1）烟温高低对防腐衬里的选择有影响，各种防腐材料的耐温不同，选择防腐需要根据烟温决定。

（2）不同的衬里与设备基体在温度作用下产生不同的线性膨胀，两者黏结界面产生热应力会影响衬里寿命。

（3）防腐材料内部的缺陷，如气泡、裂纹会在烟温作用下给介质提供渗透通道，影响防腐性能。

（4）烟温还会加速有机防腐材料的老化。

26. 采用滤液水制浆的优缺点是什么？

答：优点是采用滤液水制浆后，石灰石供浆时不会有额外的补水进入吸收塔，对于蒸发量较低或硫分较高且供浆较大的脱硫系统来说，能更好地保持水平衡。

缺点是滤液水中含有大量的可溶盐及吸收塔中的石膏，密度较高，腐蚀性也较大，会加速磨机及相关泵、管道的腐蚀，相比工艺水制浆，同样的石灰石浆液密度，石灰石含量较低。

27. F 离子对脱硫系统的影响是什么？

答：F 离子对 FGD 系统可能发生的最大影响是"氟化铝致盲"现象，即烟气经电除尘后飞灰、石灰石粉及工艺水中的氟和铝含量较高时，会在吸收塔浆池内发生复杂的反应。生成氟化铝络合物 AlF_n。（n 一般为 2~4）。该络合物吸附在石灰石颗粒表面极大地阻碍石灰石的溶解和反应，使其化学活性严重降低，导致石灰石调节 pH 值的能力下降。脱硫率降低，石膏中的残余 $CaCO_3$ 含量增加，石膏晶体颗粒发生变化，脱水困难。

28. 吸收塔浆液 pH 值过高如何调整？

答：pH 值过高，若超过 5.8，则说明给浆量过大，不仅增大石灰石耗量，降低石膏品质，而且增加了吸收塔浓度，影响了吸收塔搅拌器的正常运行，严重时造成吸收塔底部积浆，石膏排出泵入口堵塞或出口管道、设备堵塞，搅拌器搅拌能力达不到甚至损坏搅拌器。调整方法如下：

（1）控制石灰石浆液给浆量，根据入口负荷与硫分调整，不要超量供浆。

（2）根据实际情况增启浆液循环泵，或使用脱硫增效剂，提高脱硫效率，降低钙硫比。

（3）增加氧化风机流量或启动备用氧化风机，降低亚硫酸钙含量，防止高 pH 值工况下亚硫酸盐沉淀，对石灰石产生包裹效应。

（4）根据现场情况，降低配煤硫分。

29. 烟道漏风对 FGD 有何影响？

答：（1）烟道漏风会使得脱硫系统处理的烟气量增加，脱硫效率降低，增加电耗，降低系统运行的经济性。

（2）烟道漏风会降低泄漏点处烟温，导致烟气中酸结露，腐蚀烟道。

30. 石膏中酸不溶物含量高的主要原因是什么？

答：石膏中酸不溶物主要是一些难溶物质，在吸收塔浆液中表现为，沉淀的石膏浆液上方有一层明显的黑色悬浮物。主要来源如下：

（1）脱硫反应吸收剂中的酸不溶物，主要为 SiO_2 等杂质含量过高。

（2）燃烧后烟气除尘效果差，烟气中粉尘含量高。

（3）设有湿电的系统，湿电除尘效果高，且冲洗水排入脱硫系统。

31．CEMS 出口测量数据波动大的原因是什么？

答：从工况上来说，一般 SO_2 波动，可能是流速或工况本身不稳定，导致测量数据波动大。

从测量仪表上说，需要检查一下取样系统中取样流量是否不稳定、烟气预处理部分是否有损坏或老化，还有测量管线伴热是否正常、是否有冷凝水的存在导致。另外，仪表正常使用过程中会定期反吹，也会产生波动，是由反吹和仪器自动校零两个过程造成的。

32. 石灰石称重皮带机计量不准的危害有哪些？

答：计量偏大的危害如下：

（1）石灰石给料量减少，浆液密度低，相同的烟气处理量，给浆量上升。

（2）系统浆液补水量增加，对脱硫塔水平衡产生影响，吸收塔液位无法下降，影响除雾器的正常冲洗。

计量偏小的危害如下：

（1）石灰石给料量远远超出给定值，浆液密度增加，系统磨损加大，浆液系统相关电机负载增加，电流增大。

（2）称重给料机计量不准，无法获得真实的数据，无法核算脱硫运行成本。

33. 吸收塔浆液 pH 值测量不准的原因是什么？

答：（1）运维不当，电极长期未标定或标定不规范、温度补偿设定不正确，未执行定期冲洗工作。

（2）电极老化或电极被污染。

（3）电极测量控制模块故障。

（4）电极测量电缆输出与显示量程不一致、电缆破损、pH 计未接地有磁场干扰。

（5）测量管路流量不稳、混有气泡或工业水。

34. pH 值是怎样影响浆液对 SO_2 的吸收的？

答：吸收塔的 pH 值是石灰石 – 石膏法脱硫的一个重要的运行参数。

pH 值越高，浆液碱性就越高，系统反应的传质系数增加，SO_2 吸收速度就快，但不利于石灰石的溶解，且系统设备结垢严重。

pH 值降低，虽利于石灰石的溶解，但是 SO_2 吸收速度又会下降，当 pH 值下降到 4 以下时，几乎不能吸收 SO_2 了。

pH 值还影响着反应生成物的溶解度，当 $pH \geq 6.0$，$CaSO_3$ 几乎不能溶解，浆液中的 $CaSO_3$ 浓度超过临界饱和浓度而沉淀，影响石灰石的溶解，还容易造成浆液沉淀，堵塞泵的滤网，造成脱硫效率下降，因此运行中应控制 pH 值小于 5.8。

35. 脱硫系统运行中可采取哪些措施防止或减少腐蚀？

答：（1）控制吸收塔内氯离子浓度，做好氯离子浓度的监测、避免吸收塔内氯离子浓度超限，及时排放脱硫废水。

（2）控制好吸收塔浆液的 pH 值，避免吸收塔在低 pH 值的条件下长期运行（一般不低于 4.5）。

（3）停机检修时做好防腐的检查，避免防腐失效导致的腐蚀。

（4）易腐蚀部件采用高等级材质。

36. 石灰石中有机物对脱硫系统的影响有哪些?

答: 石灰石矿的主要成分是碳酸钙 $CaCO_3$，但由于石灰石的形成原因不同，有部分石灰石中会含有部分的有机质，随着脱硫系统的持续反应，石灰石中有机物矿物成分进入吸收塔在塔内富集，当吸收塔浆液中有机物达到一定浓度时，吸收塔浆液的表面张力受到影响，从而在吸收塔内产生泡沫，形成虚假液位，吸收塔出现溢流现象。石灰石中有机物的含量可通过化验石灰石的烧失量定性反映出有机物的情况。

37. 吸收塔入口烟温高低对脱硫效率的影响有哪些?

答:（1）脱硫反应过程中，SO_2 溶于水会放热，故烟温越高反应效果就越差，烟温越低越好。

（2）锅炉燃烧后的烟气，烟温越高烟气体积就越高，相对的烟气流速也就越高，同样地，浆液循环泵喷淋条件下，传质效果下降。

（3）故烟温越低，脱硫效率就越高，烟温高则相对脱硫效率会下降。

38. 废水旋流器的作用是什么?

答:（1）脱硫废水中的颗粒物质，如相对大的石膏晶体、石灰石颗粒通过底流返回吸收塔，降低废水的含固率及提高石灰石的利用效率。

（2）脱硫废水中的一部分超细杂质如飞灰、石灰石杂质等通过溢流与含盐废水进入脱硫废水处理系统。

39. 脱硫塔事故浆液箱的作用是什么?

答: 脱硫塔事故浆液箱是在脱硫系统故障时用作临时浆液储存的，一般在以下几种情况下使用:

（1）机组停机检修时，需要将吸收塔浆液排空时。

（2）脱硫浆液中杂质过多，导致脱硫系统不能正常运行，需要稀释浆液时，可将部分浆液置换至事故浆液箱内。

（3）蒸发量过低，吸收塔液位过高，可将吸收塔浆液暂时储存至事故浆液箱内，蒸发量上升后倒回吸收塔内。

（4）石膏脱硫系统故障时，可将部分高浓度浆液放入石膏浆液箱内，降低吸收塔密度。

（5）脱硫废水系统故障时，可做脱硫废水储存罐。

（6）不同的吸收塔内浆液置换可通过事故浆液箱中转。

40. 防止喷淋层喷嘴堵塞可采取哪些措施？

答：（1）保持足够高的液气比，降低钙硫比，从 pH 值上控制。

（2）确保浆液中亚硫酸钙的完全氧化，保证充足的氧化空气供应。

（3）控制吸收塔密度在较低水平，防止石膏过饱和，避免达到过饱和浓度产生大量结晶。

（4）操作调整上，避免大幅度改变浆液 pH 值和采用过高 pH 值。

（5）提高吸收塔液位，保证浆液在吸收塔有足够的停留时间。

（6）避免长期停运某一喷淋层，定期切换浆液循环泵。

（7）浆液循环泵进口加装合金滤网，避免循环泵吸入异物。

（8）定期检查浆液循环泵管道衬胶，避免衬胶破损导致喷嘴堵塞。

41. 影响吸收塔液位的因素有哪些？

答：（1）烟气进入量及烟气中携带的水分。

（2）烟气携带出的水分（蒸发量）。

（3）除雾器冲洗水量。

（4）工艺水补水量（包括冲洗水、外循环冷却水、机封水等）。

（5）石灰石浆液供浆量。

（6）石膏排出量。

（7）脱硫废水排出量。

（8）地坑中进入的其他水源（雨水、冲地水等）。

（9）部分电厂还需考虑湿除冲洗水等补水。

42. 简述除雾器的结构和布置特点。

答：吸收塔内的除雾器为卧式，位于吸收塔顶部最后一个喷淋组件的上部，采用二级除雾，除雾器由许多并排的侧立格栅板所组成，形成许多弧形变向的气流通道。另外，每级除雾器均配有冲洗喷嘴，在一级除雾器的上面和下面各布置一层清洗喷嘴，二级除雾器下面也布置一层清洗喷淋层。

43. 为什么吸收塔 pH 值高容易引起除雾器结垢?

答：吸收塔 pH 值高，除雾器容易出现结垢和堵塞，主要原因是 pH 值越高，系统的浆液中含有过剩的吸收剂（碳酸钙）就越多，当烟气夹带这种浆体液滴被捕集在除雾器板片上而又未被及时清除时，浆液中的碳酸钙会继续吸收烟气中未除尽的 SO_2，反应产物在除雾器叶片上析出沉淀而结垢。

44. 为什么多级除雾器的最末级除雾器的背面正常运行中不建议冲洗?

答：除雾器工作时，烟气中大部分浆体液滴在最下级除雾器被捕集，尤其是最下级除雾器的迎风面，故对除雾器这一区域的冲洗最为有效，因此除雾器中每级的迎风面需要多冲洗。至于最后一级除雾的背面，一般此处补集的雾滴很少，一般不建议运行中冲洗，因为这部分冲洗水会被直接带至除雾器下游设备、烟道和烟囱内，加重脱硫系统的"石膏雨"现象。

45. 简述脱硫塔石灰石浆液供浆管路母管泄漏需要停运时的事故处理措施。

答：（1）停运前尽量提高塔内石灰石含量。

（2）停运石灰石供浆后，迅速采取措施，提高脱硫效率，降低当前工况下满足环保要求的系统所需要的钙硫比，最大限度地利用吸收塔内的石灰石，提高塔内石灰石利用效率，可采用启动备用浆液循环泵，投加脱硫增效剂的方式。

（3）如短期不能恢复，应立即与值长沟通，申请降低负荷、更换煤种。

（4）在做好上述工作的同时，就地寻找备用供浆方式，常见的有吸收塔地坑投加石灰石粉供浆，石灰石浆液排地沟供浆（部分地沟需要使用潜水泵互通）。

（5）积极联系检修人员处理，根据上述（1）～（4）实际情况采取不同的措施，可更换，可临时堵漏。

（6）做好应急处理的过程中，需要监视出口 SO_2 浓度，避免环保数据异常。

（7）对于地面泄漏造成的污染，及时安排人员清理。

46. 除雾器冲洗水水质对除雾器运行的影响是什么？

答：除雾器运行过程中，需要通过定期冲洗对除雾器叶片，保证除雾器的稳定运行。冲洗水水质主要指冲洗水中固体悬浮物含量及水的硬度。除雾器冲洗水的一部分会粘附在板片上直到下个冲洗周期，并且这些水还会吸收烟气中残留的二氧化硫而增加石膏的相对饱和度，从而产生结垢。

47. 脱硫循环泵汽蚀的原因有哪些？

答：（1）吸收塔起泡或氧化风管位置偏移，造成循环泵吸入浆液中含有大量气泡。

（2）吸收塔密度长期维持过高，循环泵入口滤网结垢。

（3）检修后吸收塔内杂物未清理堵塞滤网。

（4）脱硫塔防腐脱落堵塞滤网。

（5）吸收塔搅拌效果差，浆液沉淀堵塞滤网。

（6）吸收塔滤网选型偏小，通流面积不够。

（7）入口门未全开。

（8）吸收塔液位过低。

（9）系统管道设计有缺陷。

48. 煤的干燥基硫分（$S_{t,d}$）范围分级是什么？

答：共分为六个等级：

（1）特低硫煤 $S_{t,d} \leqslant 0.50$。

（2）低硫分煤 $S_{t,d} = 0.51 \sim 1.00$。

（3）低中硫煤 $S_{t,d} = 1.01 \sim 1.50$。

（4）中硫分煤 $S_{t,d} = 1.51 \sim 2.00$。

（5）中高硫煤 $S_{t,d} = 2.01 \sim 3.00$。

（6）高硫分煤 $S_{t,d} > 3.00$。

49. 用化学方程式说明在吸收塔中脱除 SO_2 的过程。

答：脱硫过程化学反应方程式为

$$CaCO_3+SO_2+H_2O \longrightarrow CaSO_3（1/2H_2O）+CO$$
$$CaSO_3（1/2H_2O）+SO_2+H_2O \longrightarrow Ca（HSO_3）_2+1/2H_2O$$
$$Ca（HSO_3）_2+1/2O_2+2H_2O \longrightarrow CaSO_4（2H_2O）+SO_2+H_2O$$
$$CaSO_3（1/2H_2O）+1/2O_2+2H_2O \longrightarrow CaSO_4（2H_2O）+1/2H_2O$$

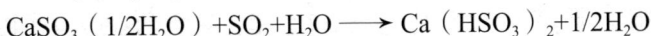

50. 烟气流速对除雾器的运行有哪影响？

答：通过除雾器断面的烟气流速过高或过低都不利于除雾器的正常运行。烟气流速过高，易造成烟气二次带水，从而降低除雾效率，同时流速高，系统阻力大、能耗高；通过除雾器断面的流速过低，不利于气液分离，同样不利于提高除雾效率。此外，设计的流速低，吸收塔断面尺寸就会加大，投资也随之增加。设计烟气流速应接近于临界流速。

51. 循环泵前置滤网主要作用是什么？

答：循环泵前置滤网主要作用是防止塔内沉淀物质吸入泵体造成泵的堵塞或损坏，以及吸收塔喷嘴的堵塞和损坏。

52. 石膏脱水系统的作用是什么？

答：（1）将吸收塔排出的合格的石膏浆液脱去水分。

（2）不合格的石膏浆液返回吸收塔。

（3）分离出部分化学污水。由初级旋流器浓缩脱水和真空皮带脱水两级组成，初级旋流器浓缩脱水 40% ～ 60%，真空皮带脱水 10%。

53. 水力旋流器的作用是什么？

答：水力旋流器具有双重作用，即石膏浆液预脱水和石膏晶体分级。进入水力旋流器的石膏悬浮切向流动产生离心运动，细小的微粒从旋流器的中心向上流动形成溢流；水力旋流器中重的固体微粒被抛向旋流器壁，并向下流动，形成含固浓度很高的底流。

54. 圆盘脱水机的设备原理是什么？

答：脱硫石膏立式旋转脱水机是一种固液分离设备，过滤板通过中心筒由调速电机通过减速机驱动，使之在装满石膏浆液的槽体中以一定的速度转动，当过滤板进入吸附区时，在真空泵的作用下过滤介质两侧形成压力差，使固体物料吸附在过滤介质上并形成滤饼，滤液则经气水分配单元排出。当过滤板从槽体石膏浆液中脱离而进入干燥区后，滤饼继续在真空的抽吸力作用下，水不断与滤饼分离，进一步从气水分配单元排出，滤饼因此而干燥。进入卸料区后，石膏滤饼在反吹扫压缩空气和刮刀的共同作用下，通过下料斗，落入石膏库，整个过程连续进行。

55. 简述圆盘脱水机的工作过程。

答：吸浆过程：在驱动装置的带动下，中心筒连同过滤板围绕主轴朝刮刀方向旋转，在真空泵负压作用下，浸没在石膏浆液中的过滤板吸附石膏浆液，固体物吸附在圆盘表面，滤液吸入排液罐中排放掉。

干燥过程：过滤板旋转出液面，在真空泵产生的负压下，吸附在圆盘表面的滤饼被干燥，滤液吸入排液罐中排放掉。

卸料过程：吸附着被干燥后滤饼的过滤板转过卸料区时，在反吹扫压缩空气和刮刀的共同作用下将滤饼刮落，通过下料斗落入石膏库。

56. 烟气脱硫设备的腐蚀原因可归纳为哪四类？

答：（1）化学腐蚀，即烟道之中的腐蚀性介质在一定温度下与钢铁发生化学反应，生成可溶性铁盐，使金属设备逐渐破坏。

（2）电化学腐蚀，即金属表面有水及电解质，其表面形成原电池而产生电流，使金属逐渐锈蚀，特别在焊缝接点处更易发生。

（3）结晶腐蚀，碱性液体吸收 SO_2 后生成可溶性硫酸盐或亚硫酸盐，液相则渗入表面防腐层的毛细孔内，若锅炉不用时，在自然干燥时，生成结晶型盐，同时体积膨胀使防腐材料自身产生内应力，而使其脱皮、粉化、疏松或裂缝损坏。闲置的脱硫设备比经常应用的更易腐蚀。

（4）磨损腐蚀，即烟道之中固体颗粒与设备表面湍动摩擦，不断更新表面，加速腐蚀过程，使其逐渐变薄。

提高脱硫设备的使用寿命，使其具有较强的防腐性能，唯一的办法就是把金属设备致密包围，有效地保护起来，切断各种腐蚀途径。

57. 脱硫系统运行中可能造成人身危害的因素有哪些?

答:(1)粉尘:脱硫系统以石灰石粉为吸收剂,在输粉和制浆的过程中均可能造成飞扬,对人体的健康有一定的危害。

(2)噪声:脱硫系统的设备在生产过程中产生噪声,如风机、水泵等产生的噪声较大,如不采取措施对人体的健康将带来一定的不良影响。

(3)电:脱硫系统设备由于雷电或接地不良所造成的损坏并给工作人员带来伤害,电气设备由于工作人员的误操作及保护不当可能会给工作人员带来伤害。

(4)机械:脱硫系统中有风机、水泵、输送机等机械设备。在运行中和检修过程中如果操作不当或设备布置不合理,都有可能给工作人员造成伤害。

(5)有害气体:含有 SO_2 的热烟气泄漏以及脱硫系统检修时烟道中残留中的 SO_2 都会危害工作人员健康。

(6)酸:SO_3 溶于水会生成硫酸,它会严重腐蚀金属并危及人体健康。

第四章

典型事故

1. 简述 pH 计指示不准的原因及处理方法。

答：原因：

（1）pH 计电极污染、损坏、老化。

（2）pH 计供浆量不足。

（3）pH 计供浆中混入工艺水。

（4）pH 计变送器零点偏移。

处理：

（1）检查 pH 计电极并调校表计。

（2）检查并校正阀门状态。

（3）检查管线是否堵塞。

（4）检查石膏浆液排出泵运转情况。

（5）检查 pH 计冲洗阀是否泄漏。

2. 简述脱硫浆液循环泵流量下降的原因及处理方法。

答：原因：

（1）管道堵塞，尤其是入口滤网易被杂物堵塞，或入口处浆液沉淀。

（2）浆液中的杂物造成喷嘴堵塞。

（3）入口门开关不到位。

（4）泵的出力下降，叶轮磨损，间隙过大。

（5）吸收塔液位低，泵出力低。

（6）循环泵入口进入氧化空气或浆液起泡。

（7）循环泵入口泄漏造成入口压力降低。

处理：

（1）清理堵塞的管道和滤网。

（2）清理堵塞的喷嘴。

（3）检查入口门。

（4）对泵进行解体检修。

（5）提高液位。

（6）消除过量氧化空气，减少起泡。

（7）消除系统漏点。

3. 简述浆液循环泵出口压力低的现象、原因及处理方法。

答：现象：

（1）浆液循环泵出口压力低于正常值。

（2）相同工况下脱硫效率降低。

原因：

（1）循环泵入口滤网有异物堵塞导致入口压力低，流量下降。

（2）循环泵入口处浆液沉淀，导致入口流量低，吸收塔液位低。

（3）吸收塔密度降低。

（4）循环泵入口进入氧化空气。

（5）循环泵入口泄漏造成入口压力降低。

（6）循环泵入口阀门开不到位造成入口流量变小。

（7）压力表显示失准。

（8）出口压力低表明泵出力低，同时结合电流升高最大的可能性为浆液循环泵入口门未全开导致的后果为浆液循环泵入口产生气蚀，而气蚀有可能导致入口管滤网、管道衬胶破损这些异物进入叶轮就能导致电流升高。

处理：

（1）切循环泵进行冲洗入口堵塞。

（2）查看吸收塔搅拌器运行情况及调整浆液密度 pH 值，切循环泵进行冲洗入口。

（3）吸收塔密度降低导致压力降低，应提高吸收塔密度。

（4）停用附近氧化风支管，观察效果，确定后停机改造。

（5）对应补漏。

（6）调整入口门行程。

（7）检测压力表计。

（8）清除异物。

4. 简述 pH 值显示异常的现象、原因及处理方法。

答：现象：

（1）pH 值指示偏低或偏高。

（2）烟气排放 SO_2 可能过高。

原因：

（1）pH 计电极污染、损坏、老化。

（2）pH 计供浆量不足。

（3）pH 计供浆中混入工艺水。

（4）pH 计变送器零点漂移。

（5）pH 计控制模块故障。

处理：

（1）清理、更换 pH 计电极。

（2）检查 pH 计连接管线是否堵塞。

（3）检查吸收塔排出泵的供浆状态。

（4）检查 pH 计的冲洗阀是否泄漏。

（5）校正 pH 计。

（6）检查 pH 计模块情况。

5. 简述石灰石浆液密度异常的现象、原因及处理方法。

答：现象：

（1）石灰石浆液密度计显示偏低。

（2）石灰石浆液密度计显示超量程。

原因：

（1）密度计显示不准。

（2）粉仓内的石灰石粉受潮板结或有搭桥现象。

（3）石灰石粉给料机机械卡涩或跳闸。

（4）密度自动控制系统失灵。

（5）制浆池补水流量异常。

处理：

（1）检查密度计电源是否正常、石灰石浆液流量是否过低，如无异常应人工测量石灰石浆液密度，并联系热工人员校准密度计。

（2）检查流化风机和流化风管，投运粉仓壁振打装置。

（3）清理给料机内的杂物。

（4）联系热工人员检查石灰石浆液密度控制模块。

（5）检查工艺水泵运行情况，核对补水门实际开度与 DCS 显示开度否相符。

6．简述圆盘脱水机不能形成滤饼、滤饼太薄的原因和处理方法。

答：原因：

（1）浆液浓度太低。

（2）主轴转速不合适。

（3）过滤盘漏气。

（4）真空度太低。

（5）搅拌转速太高。

（6）滤布密度与浆液浓度不匹配。

处理：

（1）增加浓度。

（2）调整转速。

（3）联系检修人员处理。

（4）适当调整搅拌转速。

（5）更换密度合适的滤布。

7．简述圆盘脱水机真空度太低的原因和处理方法。

答：原因：

（1）真空泵工作不正常。

（2）真空管路漏气或堵塞。

（3）过滤盘漏气。

（4）液位太低。

（5）真空泵密封水流量过低。

处理：

（1）联系检修人员处理。

（2）修补管路。

（3）加大进浆量。

（4）加大真空泵密封水流量。

8．简述吸收塔液位异常的现象、产生的原因及处理方法。

答：现象：

吸收塔液位异常指液位过高、过低和波动过大。

原因：

（1）吸收塔液位计不准。

（2）浆液循环管道漏。

（3）各种冲洗阀不严。

（4）吸收塔泄漏。

（5）吸收塔液位控制模块故障。

处理：

（1）检查并核准吸收塔液位计。

（2）检查并修补浆液循环管道。

（3）检查并更换冲洗阀。

（4）检查吸收塔及底部排污阀。

9．简述吸收塔浆液中毒的现象、原因及处理方法。

答：现象：

原烟气 SO_2 总量不变时，增加石灰石浆液而 pH 值持续降低，脱硫效率下降。

原因：

（1）FGD 进口 SO_2 浓度突变导致反应加剧，生成大量亚硫酸钙，发生石灰石盲区现象。

（2）吸收塔浆液密度高没有及时外排，浆液中的 $CaSO_4 \cdot 2H_2O$ 饱和会抑制 $CaCO_3$ 溶解反应。

（3）电除尘后粉尘含量高或重金属成分高，在吸收塔浆液内形成一个稳定的化合物，附着在石灰石颗粒表面，影响石灰石颗粒的溶解反应，导致石灰石浆液对 pH 值的调解无效。

（4）氧化不充分引起亚硫酸盐盲区现象。

（5）工艺水水质差，系统中的氯离子浓度高，石灰石粉品质差，导致吸收塔浆液发生石灰石盲区现象。

（6）浆液中的氟离子超标，浆液中的三价铝和氟离子反应生成 AlF_3 和其他物质的络合物，呈黏性的絮凝状态，附着于石灰石表面。

处理：

（1）若石灰石盲区发生，首先不考虑脱硫率，暂停石灰石浆液的加入，待 pH 值下降至 4.0 左右，人工计算石灰石浆液的加入量，使 pH 值逐步上升，脱硫率缓慢回升。

（2）增开氧化风机。

（3）若原烟气 SO_2 含量高引起石灰石盲区，应申请机组负荷降低，减少 SO_2 量。

（4）向吸收塔内补充新鲜的石灰石浆液和工艺水，同时外排吸收塔浆液或排至事故浆液箱进行置换。

（5）若 FGD 的粉尘浓度高，调整电除尘运行方式。

（6）若氯离子含量高，应加强废水排放，降低吸收塔中的氯离子含量和重金属含量。

10. 简述吸收塔入口烟温高的现象、原因及处理方法。

答：现象：

（1）吸收塔入口烟温高报警。

（2）事故喷淋保护动作。

（3）现场有焦煳味。

（4）烟道不严密处冒黑烟。

原因：

（1）锅炉负荷高。

（2）除尘器着火。

（3）FGD 原烟道着火。

处理：

（1）调整锅炉燃烧，降低烟气温度，必要时降低机组负荷。若超过事故喷淋打开设定温度时，应检查事故喷淋动作是否正常，烟气进口烟温应在喷淋后立即降低。

（2）启动备用吸收塔浆液循环泵降温。

（3）检查上游设备除尘器进口温度是否正常，若超过除尘器事故喷淋打开设定温度时，应检查事故喷淋动作是否正常，烟气进口烟温应在喷淋后立即降低。

（4）若除尘器入口烟气温度正常，应先打开吸收塔事故喷淋水，再就地检查除尘器出口情况，若有冒烟或焦煳气味，应立即停机处理，火势较大时应报火警 119。

11. 简述氧化风机跳闸的现象、原因及处理方法。

答：现象：

（1）氧化风机跳闸光字牌闪光。

（2）氧化风机跳闸。

（3）氧化风机电流到零。

（4）氧化风机风量到零。

原因：

（1）风机出口压力、温度过高。

（2）风机轴承温度过高。

（3）电动机绕组温度过高。

（4）电动机轴承温度过高。

处理：

（1）启动备用氧化风机。

（2）联系检修人员查明原因并做相应处理。

（3）若备用氧化风机无法启动导致氧化空气喷嘴中长时间无氧化空气，则必须每隔 4h 打开每个氧化风管工艺水冲洗 1min。

12. 简述吸收塔氧化空气流量低的现象、原因及处理方法。

答：现象：

（1）吸收塔氧化空气流量逐渐降低。

（2）吸收塔氧化风机调节门开大但流量不升高。

原因：

（1）皮带打滑转速不够。

（2）风机转子间隙增大。

（3）吸入口阻力大，滤网堵塞。

（4）密封面有脏物引起安全阀泄漏。

（5）安全阀限压弹簧过松，引起安全阀动作。

（6）管道阻塞。

（7）氧化风机故障或管路泄漏。

处理：

（1）启动备用氧化风机，联系检修人员处理。

（2）检查氧化风机进口过滤器，保持氧化风机运行，使用工艺水清洗空气管道。

13. 简述吸收塔浆液起泡的原因及处理方法。

答：原因：

（1）锅炉在运行过程中燃烧不充分，未燃尽成分随锅炉尾部烟气进入吸收塔，造成吸收塔浆液有机物含量增加。

（2）锅炉后部除尘器运行状况不佳，烟气粉尘浓度超标，含有大量惰性物质的杂质进入吸收塔后，致使吸收塔浆液重金属含量增高。重金属离子增多引起浆液表面张力增加，从而使浆液表面起泡。

（3）脱硫用石灰石中含过量 MgO（起泡剂），与硫酸根离子反应产生大量泡沫。

（4）脱硫装置脱水系统或废水处理系统不能正常投入，致使吸收塔浆液品质逐渐恶化。

（5）锅炉燃烧情况不好，飞灰中有部分炭颗粒随烟气进入吸收塔。

（6）运行过程中出现氧化风机流速不均，吸收塔浆液气液平衡被破坏，致使吸收塔浆液大量溢流。

处理：

（1）从吸收塔排水坑定期加入脱硫专用消泡剂。在吸收塔最初出现起泡溢流时，消泡剂加入量较大，在连续加入一段时间后，泡沫层逐渐变薄，减少加入量，直至稳定在一定加药量上。

（2）可以暂时忽略脱硫效率的条件下，停运一台浆液循环泵以减小吸收塔内部浆液的扰动，同时减少浆液供给量。因为浆液循环量大时，浆液起泡性强。

（3）在可以保证氧化效果的前提下，适当降低吸收塔工作液位，减小浆液溢流量，防止浆液进入吸收塔入口烟道。

（4）降低吸收塔浆液密度，加大石膏排除量，保证新鲜浆液的不断补入。

（5）保持脱硫废水的排放，从而降低吸收塔浆液重金属离子、Cl⁻、有机物、悬浮物及各种杂质的含量，保证吸收塔内浆液的品质。

（6）严格控制脱硫用工艺水的水质，加强过滤和预处理工作，降低 COD、BOD。同时严格控制石灰石原料品质，保证其中各项组分（如 MgO、SiO_2 等）含量符合设计要求。

（7）加强吸收塔浆液、废水、石灰石浆液、石灰石粉和石膏的化学分析工作，有效监控脱硫系统运行状况，发现浆液品质恶化趋势，及时采取处理措施。

14. 简述浆液循环泵全停的现象、原因及处理方法。

答：现象：

（1）"吸收塔循环泵全部跳闸"报警信号发出。

（2）全部循环泵指示灯颜色均变成黄色，电机停止转动。

原因：

（1）10kV 电源中断。

（2）吸收塔液位过低或液位计故障引起浆液循环泵保护关闭。

（3）吸收塔液位控制回路故障。

（4）事故按钮动作。

处理：

（1）确认 FGD 烟气系统保护动作正常。

（2）查明循环泵跳闸原因，若属电源故障引起跳闸应按相关规定处理。

（3）检查吸收塔液位计工作是否正常，低液位报警和跳闸值设定是否正常，视情况对液位计进行冲洗或检验。

（4）检查吸收塔底部排污阀有无异常。

（5）视吸收塔内烟温情况，开启除雾器冲洗水，以防吸收塔衬胶及除雾器损坏。

（6）及时汇报班长及值长，必要时通知相关点检处理。

15.简述脱硫系统发生火灾时的现象及处理方法。

答：现象：

（1）火警系统发出声、光报警信号。

（2）运行现场有烟、火及焦煳味。

（3）若发生动力电缆或控制信号电缆着火时，相关设备可能跳闸，参数会发生剧烈变化。

处理：

（1）正确判断火灾的地点、性质及危险性。

（2）选择正确的灭火器迅速灭火，必要时停脱硫系统。

（3）联系班长、值长及有关部门，根据指示进行灭火。

（4）灭火工作结束后，恢复正常运行。

第五章

计算题

1. 某电厂脱硫烟气流量 185 万 m^3/h，烟气入口 SO_2 浓度 2450mg/m^3，脱硫出口 SO_2 浓度 23mg/m^3，吸收塔运行 pH 值 5.4，石灰石含钙量 90%。石灰石供浆密度 1250kg/m^3。问石灰石需求量及供浆量分别是多少？（已知 pH 值 5.4 对应的钙硫比为 1.04，石灰石浆液密度 1250kg/m^3 对应的含固率是 31.7%）

解：（1）根据物料平衡，石灰石用量与脱除 SO_2 质量比为 100/64

　　　SO_2 脱除量为 1 850 000 ×（2450−23）× 10^{-9}=4.5（t/h）

　　　石灰石用量为 4.5 × 100/64=7.03（t/h）

　　　由吸收塔运行 pH 值 5.4，钙硫比 1.04，可知

　　　石灰石实际用量为 7.03 × 1.04=7.31（t/h）

　　　石灰石含钙 90%，故需要的石灰石为 7.31/0.90=8.12（t/h）

（2）石灰石密度 1250kg/m^3，对应含固率为 31.7%，对应石灰石浆液为 8.12/（0.317 × 1.25）=20.49（m^3/h）。

答：需求量及供浆量分别是 8.25t/h 和 20.49m^3/h。

2. 某电厂 600MW 机组脱硫塔，烟气量 2 000 000m^3，吸收塔浆液循环泵 5 台，每台流量 8000m^3/h，问液气比是多少？

解：液气比就是单位时间内吸收塔再循环浆液与吸收塔出口烟气的体积比，L/G，循环浆液单位为升（L），烟气的单位为立方米（m^3）。

答：液气比 L/G=5 × 8000 × 1000/2 000 000=20。

3. 某 600MW 机组，吸收塔浆池容积为 2000m^3，浆液循环泵

5 台，每台流量 8000m³/h，浆液循环停留时间是多少？

解：吸收塔内浆液循环停留时间是指浆池最大容积与全部循环泵每分钟循环量之比。

答：浆液循环停留时间 =2000/（5×8000）=0.05（h）=3（min）。

4. 某电厂烟气 SO_2 测量值为 286mg/m³，烟气湿度为 10%，烟气含氧量为 9%，求折算为过量空气系数 α=1.4 的 SO_2 排放浓度？（标准状态下）

解：α=21/（21−9）=1.75

SO_2 排放浓度 =286×100/90%=317（mg/m³）

折算为过量空气系数为 1.4 的 SO_2 排放浓度：

SO_2 排放浓度 =317×（1.75/1.4）=397（mg/m³）

答：折算为过量空气系数为 1.4 的 SO_2 排放浓度为 397 mg/m³。

5. 某电厂脱硫入口 SO_2 浓度为 1900 mg/m³（标准状态下），脱硫出口排放浓度为 28 mg/m³（标准状态下），求脱硫效率。

解：脱硫效率计算式为

（入口浓度−出口浓度）/ 入口浓度 =（1900−28）/1900=98.5%

答：脱硫效率为 98.5%。

6. 试计算石灰石 – 石膏湿法脱硫系统中，理论上每吸收 1kg 的二氧化硫，可生成多少石膏？

解：已知二氧化硫摩尔质量 64g/mol，$CaSO_4 \cdot 2H_2O$ 摩尔质量 172g/mol。

1kg 的 SO_2 摩尔数为 1000/64=15.63（mol）。

根据吸收过程反应方程式可知，吸收 1mol 的二氧化硫可生成 1mol 的石膏，所以吸收 1kg 二氧化硫所产生的石膏为

15.63×172=2688.36（g）≈2.69（kg）

答：每吸收 1kg 的二氧化硫可生成 2.69 kg 石膏。

7. 某电厂 2 台 300MW 机组燃煤含硫量为 1.5%，最大连续工况下，单台机组燃煤量为 115t/h，要求脱硫效率为 95%，在采用石灰石 – 石膏湿法脱硫工艺时，石灰石纯度为 93%，钙硫比为 1.02，试计算石灰石用量。（硫转化率按 90% 计算）

解：两台机组每小时燃煤产生的 SO_2 物质的量为

$$M_1 = 2 \times 燃煤量 \times 1000 \times 含硫量 \times 硫的转化率 / 二氧化硫分子量$$

$$= 2 \times 115 \times 1000 \times 1.5\% \times 90\%/32$$

$$= 97.02（kmol/h）$$

则石灰石的耗率为

$$M_2 = 97.02 \times 100 \times 0.95 \times 1.02 \times 0.93 \times 10^{-3} = 8.74（t/h）$$

答：石灰石用量为 8.74t/h。

8. 某石灰石 – 石膏湿法烟气脱硫吸收塔，每小时排出 72.4m³ 含固量为 20% 的石膏浆液进入石膏旋流器，石膏旋流器底流含量为 50%，每小时流量为 19.3m³。已知 20% 石膏浆液密度为 1130 kg/m³，50% 石膏浆液密度为 1400kg/m³。若 2% 的固体在脱水机冲洗过程中进入滤液箱，试计算该脱硫装置每小时能产生含固量为 90% 的石膏量为多少。

解：根据固体守恒可得

$$M = 1400 \times 19.3 \times 50\% \times 1000 \times（1-2\%）/90\% \times 10^{-6} = 14.71（t）$$

答：该脱硫装置每小时能产生含固量为 90% 的石膏 14.71t。

9. 某电厂在机组运行期间偶尔会发生烟囱飘雨现象，经过对飘雨时段监视，现统计运行参数如下：燃煤量为 150t/h，吸收塔直径 10m，塔高 26m，该厂脱硫除雾器流速为 3.2~4.2m/s，请问在此工况下烟气经过除雾器的流速是否超设计值？（1t 燃煤约产生 10000m³ 烟气量）

解：产生的烟气量为

$$Q = 150 \times 10\,000 = 1\,500\,000（m³/h）$$

则烟气流速为

$$v = Q/A = 1\,500\,000/（\pi \times 10^2/4）= 19\,108.28（m/h）= 5.31（m/s）$$

因为 5.31m/s > 4.2m/s，所以烟气流速超过设计值。

答：烟气经过除雾器的流速超过设计值。

10. 某电厂月石膏生产量为 3 万 t，附着水为 10%，其中在 45℃状态下分析硫酸钙含量为 90%，亚硫酸钙为 2%，试计算脱除 SO_2 的量。

解：根据质量守恒定律可得

$M=3 \times 90\% \times$（$64/172 \times 90\%+64/129 \times 2\%$）

=0.93（万 t）

答：脱除 SO_2 的量为 0.93 万 t。

11. 某电厂湿法脱硫吸收塔入口烟气流量为 896 000m³/h（标准状态下），出口烟气量为 900 000m³/h（标准状态下），为保证脱硫效率，经计算需液气比为 14L/m³，设置 3 台浆液循环泵（余量为 5%），试求每台浆液循环泵的流量约为多少？

解：由 $L/G=L \times 1000/900\ 000=14$（$L/m^3$）可得

$L=12\ 600$（m³/h）

每台浆液循环泵的流量约为

$V=12\ 600/3 \times 1.05=4410$（m³/h）

答：每台浆液循环泵的流量约为 4410 m³/h。

12. 某电厂 600MW 机组的脱硫系统吸收塔断面为圆形，内径 15.3m，测得吸收塔内饱和烟气体积流量为 1 683 000m³/h，试求烟气在吸收塔内的流速。

解：$v=Q/A=1\ 683\ 000/$（$3.14 \times 15.3^2/4 \times 3600$）=2.54（m/s）

答：烟气在吸收塔内的流速为 2.54 m/s。

13. 某电厂年发电量 60 亿 kWh，标准煤耗率为 350g/kWh，燃煤热值 20 933kJ/kg。采用石灰石 – 石膏法脱硫工艺，钙硫比 1.03，燃煤含硫量 0.9%。硫的转化率 85%，石灰石中碳酸钙含量 90%，脱硫效率 95%，试求使用燃煤量、石灰石用量、石膏产量。

解：原煤用量为

W_1=标准煤耗 × 年发电量 × 标准热值 / 燃煤热值

$=350 \times 60 \times 10^8 \times 29\ 307.6/20\ 933 \times 10^{-6}$

=294（万 t）

SO_2 产生量为

M_1=燃煤量含硫量 ×2 × 硫的转化率

$=294 \times 0.9\% \times 2 \times 85\%$

=4.498 2（万 t）

石灰石用量为

M_2=SO_2 产生量 × 脱硫效率 ×100/64 × 钙硫比 / 碳酸钙含量

=4.498 2×95%×100/64×1.03/90%

=7.64（万 t）

石膏产生量为

M_3=7.64×1.72=13.14（万 t）

答：燃煤量、石灰石用量和石膏产量分别是 294 万 t、7.64 万 t、13.14 万 t。

14. 化验石灰石中 CaO 含量为 49%，MgO 为 3%，试计算石灰石中 $CaCO_3$ 和 $MgCO_3$ 的含量。

解：$CaCO_3$ 的含量为

M_1=100/56×49%=87.5%

$MgCO_3$ 的含量为

M_2=84.3/40.3×3%=6.28%

答：石灰石中 $CaCO_3$ 和 $MgCO_3$ 的含量分别为 87.5% 和 6.28%。

15. 已知石灰石浆液含固量为 25%，固体石灰石密度为 2800kg/m³，试求石灰石浆液的密度。

解：设有 1m³ 石灰石浆液，密度为 ρ，则有

ρ×25%/2800+（$\rho-\rho$×25%）×1000=1

ρ=1191.49kg/m³

答：石灰石浆液的密度为 1191.49 kg/m³。

16. 某电厂采用石灰石 – 石膏湿法烟气脱硫系统，吸收塔入口烟气量为 1 600 000m³/h，入口烟气温度为 147℃，出口烟气量为 1 280 000m³/h，出口烟气温度为 56℃。假定液气比为 10L/m³（标态下），试计算吸收塔浆液循环流量。

解：入口烟气量折算为（标态下）

V_1=1 600 000×273/（273+147）=1 040 000（m³/h）

出口烟气量折算为（标态下）

V_2=1 280 000×273/（273+56）=1 062 128（m³/h）

显然，该系统存在漏风情况，因此吸收塔处理烟气量应按出口流量计算，则有

L/G=L/1 062 128×1000=10

L=10 621（m³/h）

答：吸收塔浆液循环量为 10621 m³/h。

17. 某机组烟气脱硫系统正常运行工况下 DCS 显示烟气流量为 1 250 000m³/h（烟气温度 130℃，压力 1250Pa，湿度 10%），进口二氧化硫浓度为 2500mg/m³、含氧量 7%，吸收塔出口二氧化硫浓度为 30mg/m³、含氧量 8%，石灰石纯度为 90%。已知最近一次石膏化验结果中，硫酸钙含量 88%，半水亚硫酸钙含量为 0.3%，碳酸钙含量 3.5%，石膏含水率 11%，试计算：

（1）该烟气脱硫系统折算为氧量 6% 时的脱硫效率。

（2）从石膏化验结果中，推算该烟气脱硫系统钙硫比。

（3）根据推算出的钙硫比计算该烟气脱硫系统每小时石灰石耗量。

解：（1）因为 $\alpha_1 = 21/(21-O_2) = 21/(21-7) = 1.5$

$\alpha_2 = 21/(21-O_2) = 21/(21-8) = 1.615$

入口 SO_2 折算后浓度

$C_1 = 2500 \times 1.5/1.4 = 2678.57（mg/m³）$

出口 SO_2 折算后浓度

$C_2 = 30 \times 1.615/1.4 = 34.61（mg/m³）$

故折算后脱硫效率为 $\eta = (2678.57-34.61)/2678.57 = 98.71\%$

（2）钙硫比为

$Ca/S = 1 + X\ CaCO_3/M\ CaCO_3/(X\ CaSO_4 \cdot 2H_2O/M\ CaSO_4 \cdot 2H_2O + X\ CaSO_3 \cdot 1/2H_2O/M\ CaSO_3 \cdot 1/2H_2O) = 1.07$

（3）湿烟气流量换算成标准状态下干烟气流量为

$Q = 1\ 250\ 000 \times (1250+101\ 325)/101\ 325 \times 273/(273+130) \times (1-10\%)$

$= 771\ 498.4（m³/h）$

则每小时脱除的二氧化硫质量为

$M_1 = 771\ 498.4 \times 98.71\% \times 2678.57 \times 10^{-6} = 2039.85（kg）$

每小时石灰石耗量为

$M_2 = 2039.85 \times 100/64/0.9 \times 1.07 = 3789.3（kg）$

答：折算为氧量 6% 时脱硫效率为 98.71%；烟气脱硫系统钙硫比为 1.07；每小时需要消耗石灰石 3789.3kg。

第三篇

除灰部分

第一章

填空题

1. 火电厂的除灰方式大致上可分为水力除灰、机械除灰和气力除灰三种。

2. 除灰管道系统中流动阻力存在的形式是沿程阻力和局部阻力。

3. 电除尘器是利用电晕放电使烟气中的灰粒带电,通过静电作用再进行分离的装置。

4. 电除尘器运行过程中烟尘浓度过大会引起电除尘的电晕封闭现象。

5. 电除尘器伏安特性曲线是指二次电压与二次电流关系的曲线。

6. 电除尘器在锅炉排烟温度低于烟气露点时不应投入。

7. 根据集尘极的结构不同,电除尘器可分为管式和板式两种。

8. 电除尘器本体的主要部件包括外壳、放电极、集尘极和清灰装置等。

9. 电除尘器的放电极与直流电源的负极连接,电除尘器的集尘极与直流电源的正极连接,集尘极上常会粘附一些灰粒,灰粒的多少直接影响集尘效果。

10. 电除尘阴极系统是产生电晕、建立电场的最主要构件,它决定了放电的强弱,影响烟气中粉尘荷电的性能,直接关系着除尘效率。

11. 电晕电流的变化主要是由电压控制,同时受到自身空间电荷的限制。

12. 荷负电尘粒在<u>电场力</u>作用下向阳极运动并被吸附，从而达到收尘目的。

13. 静电场场强越高，电除尘器效果就越好，且以<u>负电晕</u>捕集灰尘效果最好。

14. 为减小烟尘二次飞扬和增加阳极板刚度，常把阳极板断面制成不同的凹凸槽形，槽形极板具有良好的<u>集尘</u>作用。

15. 电除尘器的工作性能一般用除尘效率来表示，同步测量除尘器前后烟尘，再经过计算，即可得到<u>除尘器除尘效率</u>。

16. 电除尘的除尘效率一般为 <u>99%</u>，电除尘器的阻力一般为<u>100 ～ 300 Pa</u>。

17. 电除尘阴、阳极振打运行方式有<u>自动方式</u>、<u>连续方式</u>和<u>停止</u>三种。

18. 电除尘器通过振打系统振打，把附着在<u>极线</u>、<u>极板</u>上的尘粒振落到除尘器灰斗，由输灰系统把灰运送到储灰仓或灰场。

19. 电除尘清灰方式采用<u>机械振打</u>，除灰方式采用<u>输灰系统</u>。

20. 投入振打时，<u>同一</u>电场中阴、阳极振打不能同时敲打；<u>前后</u>电场阳极、阴极振打不能同时敲打；<u>末</u>电场阳极振打与槽板振打不能同时敲打。

21. 为了保障灰斗的安全运行，电除尘采用了灰斗<u>加热</u>和<u>料位</u>显示信号、<u>高低灰位报警</u>等检测装置。

22. 电除尘灰斗内装设有板式陶瓷电加热器，作用是保持灰斗壁温不低于 <u>120℃</u>，且高于烟气露点温度 <u>5 ～ 10℃</u>。

23. 高压整流微机控制设备具有<u>自动跟踪控制</u>、<u>充电比控制</u>、<u>变频控制</u>功能。

24. 电除尘器本体包括<u>阴极系统</u>、<u>阳极系统</u>、<u>槽形极板系统</u>、<u>均流装置</u>和<u>壳体</u>。

25. 阴极系统主要包括<u>阴极绝缘支柱</u>、<u>大小框架</u>、<u>振打装置</u>和<u>电晕线</u>。

26. 阴极系统是发生<u>电晕</u>、建立<u>电场</u>的最主要构件。

27. 阳极系统由<u>阳极板</u>、<u>振打装置</u>组成，是电除尘器收尘的关键部件。

28. 每个电场都必须配有完整的<u>阴极</u>、<u>阳极</u>和<u>一组高压电源装置</u>。

29. 电除尘器的高压供电装置的功能是对尘粒<u>荷电</u>和<u>捕集</u>提供电场。

30. 极板振打力太大易引起<u>二次扬尘</u>并加速振打系统的机械损耗。

31. 释放电荷后的尘粒靠残余电荷的<u>静电力</u>和<u>分子吸引力</u>相互聚集并且附着在阳极的表面。

32. 阴、阳极采用<u>不同</u>的形状，目的是使它们之间产生<u>不均匀</u>电场。

33. 电除尘器停运后，高压隔离开关应打至<u>接地位置</u>，并放尽电场内<u>残余电荷</u>。

34. 空压机是高速转动机械，靠油泵将油注入轴承使轴颈与轴瓦之间变为<u>液体摩擦</u>，空气在空压机中被压缩时温度会急剧升高。

35. 空压机油气分离器主要是利用油气之间的<u>密度差</u>，将油气切向送入油气分离器中，利用<u>重力</u>和<u>离心力</u>原理，对油气进行分离。

36. 电除尘灰斗、灰库气化风机的作用是使灰流动起来，防止<u>灰板结</u>。

37. 当电场灰斗严重积灰造成阴、阳极间短路时，<u>二次电流很大</u>、<u>二次电压接近零</u>。

38. 机组负荷越高，灰量大时仓泵装灰时间就<u>越短</u>，输送时间也就<u>越长</u>。

39. 影响除灰管道磨损的主要因素有灰渣颗粒<u>尺寸</u>、<u>灰渣颗粒硬度和形状</u>、<u>输送灰渣浓度</u>、<u>管道流速</u>。

40. 一般电除尘器的烟气温度范围为 <u>90 ～ 150 ℃</u>时除尘效率较好。

41. 通常要求各台电除尘器的烟气量分配相对偏差应在 <u>±10℃</u> 范围内。

42. 额定工况下，电除尘器进出口烟气含尘浓度之差与进口烟气含尘浓度之比称为<u>除尘效率</u>。

第二章

选择题

1. 水力除灰系统中管道容易（ A ）。

    A. 结垢　　　　　B. 磨损　　　　　C. 堵灰　　　　　D. 腐蚀

2. 气力除灰系统中管道容易（ B ）。

    A. 结垢　　　　　B. 磨损　　　　　C. 堵灰　　　　　D. 腐蚀

3. （ A ）是发生电晕、建立电场的最主要部件。

    A. 电晕线　　　　B. 槽型极板　　　C. 阳极板

4. 电晕线周围的电场强度很大，使空气电离，产生大量（ B ）和正、负离子。

    A. 中子　　　　　B. 电子　　　　　C. 离子　　　　　D. 原子核

5. 采用的电晕线有锯齿线、鱼骨线、RS 线、（ B ）。

    A. 平行线　　　　B. 星形线　　　　C. 电场线

6. 国内常用的阳极板有 C 型、Z 型、（ C ）。

    A. D 型　　　　　B. I 型　　　　　C. CS 型　　　　　D. X 型

7. 一般电除尘器多为负电晕，其收尘效率高，可到 98% ~99%，改为正电时只有（ A ）左右。

    A. 70%　　　　　B. 80%　　　　　C. 90%　　　　　D. 85%

8. 集尘极呈（ A ）状，为了减少灰尘的二次飞扬并增加极板的刚度，通常把断面轧制成不同的凹凸槽形。

    A. 板　　　　　　B. 星　　　　　　C. 凸　　　　　　D. 凹

9. 电除尘器的二次电流和二次电压是指（ C ）。

    A. 输入到整流变压器一次侧的直流电流和电压

    B. 输入到整流变压器一次侧的交流电流和电压

C. 整流变压器输出的直流电流和电压

D. 整流变压器输出的交流电流和电压

10. 为了改善电场中气流的均匀性，电除尘器的进口烟箱和出口烟箱分别采用（ C ）结构。

A. 渐扩式 　　　　　　　　　B. 渐缩式

C. 渐扩式和渐缩式 　　　　　D. 渐缩式和渐扩式

11. 电除尘器的阳极板和阴极线分别（ B ）。

A. 接地、接负极 　　　　　　B. 接负极、接地

C. 接地、接地 　　　　　　　D. 接负极、接负极

12. 对于芒刺电晕极，由于其具有强烈的放电方向性，其线距的最低值为（ B ）。

A. 50mm 　　　B. 100mm 　　　C. 150mm 　　　D. 200mm

13. 电除尘器设置进、出口烟箱的作用是（ A ）。

A. 改善电场中气流的均匀性

B. 减小烟气流速的阻力损失

C. 避免粉尘沉积在进、出口管道内壁上

D. 提高电除尘效率

14. 当发生运行电压低、电流很小或电压升高即产生严重的闪络、跳闸时，可能是（ D ）造成的。

A. 电场顶部阻尼电阻烧断

B. 高压隔离开关接地

C. 有开路现象

D. 电晕极振打瓷轴箱聚四氟乙烯绝缘板密封不严、保温不良，造成结露、积灰

15. 电除尘器中常用的阳极板形式是（ D ）。

A. 网状 　　　B. 鱼鳞状 　　　C. 波纹状 　　　D. 大 C 形

16. 对电晕线来说（ B ）。

A. 起晕电压和强度要低 　　　B. 起晕电压要低、强度要高

C. 起晕电压要高、强度要低 　D. 起晕电压和强度要高

17. 电除尘器气流分布板的作用是（ D ）。

A. 改变烟气流动方向 　　　　B. 提高粉尘荷电能力

C. 增大烟气阻力　　　　　　D. 使烟气流速均匀

18. 电除尘器供电系统采用（ D ）电源，经升压整流后，通过高压直流电缆供给除尘器本体。

    A. 380V、60Hz　　　　　　B. 220V、60Hz

    C. 220V、50Hz　　　　　　D. 380V、50Hz

19. 一般将一个电场最外侧两个阳极板排中心平面之间的距离称为（ C ）。

    A. 同极距　　B. 异极距　　C. 电场宽度　　D. 阳极距

20. 对于半径（ A ）μm 的尘粒，主要荷电方式为扩散荷电。

    A 小于 0.1　　B. 大于 0.5　　C. 等于 1　　D. 大于 1

21. 高压晶闸管整流变压器的特点是（ A ）。

    A. 输出直流高电压　　　　　B. 输出电流大

    C. 输出电压低　　　　　　　D. 回路阻抗电压比较低

22. 造成反电晕的根本原因是（ B ）。

    A. 比电阻太小　　　　　　　B. 比电阻太大

    C. 粉尘浓度大　　　　　　　D. 粉尘浓度小

23. 放电极附近的气体电离产生大量的（ A ）。

    A. 正离子和电子　　　　　　B. 正离子和负离子

    C. 正电荷和负电荷　　　　　D. 中子和电子

24. 为了防止烟尘在烟道中沉降，通常将电除尘器前后烟道中的烟气流速控制在（ B ）m/s。

    A. 3~5　　　B. 8~13　　　C. 15~20　　　D. 20~25

25. 为了保证电除尘器的除尘效率，烟气在电场内流速为（ C ）m/s。

    A. 0.1~0.2　　B. 0.3~0.4　　C. 0.4~1.5　　D. 1.6~2

26. 高压绝缘子室顶部大梁加热装置在（ A ）投入运行。

    A. 锅炉点火前 12~24h　　　B. 锅炉点火前 10h

    C. 锅炉点火前 2h　　　　　D. 与锅炉点火同时

27. 进入电除尘器内部的工作人员，应至少有（ B ）人。

    A. 1　　　　B. 2　　　　C. 3　　　　D. 4

28. 阴极振打周期比阳极振打周期要（ B ）。

    A. 长　　　　B. 短　　　　C. 一样　　　D. 无所谓

29. 输灰系统启动应在（　C　）进行。

　　A. 锅炉点火前 12h　　　　　　B. 锅炉点火前 5h

　　C. 锅炉点火前 2h　　　　　　D. 与锅炉点火同时

30. 阳极板排下端与（　C　）应无卡涩。

　　A. 灰斗　　　　B. 管路　　　　C. 限位槽　　　　D. 阻流板

31. 电除尘器停运（　B　）h 后，方可打开人孔门通风冷却。

　　A. 12　　　　　B. 8　　　　　　C. 4　　　　　　D. 2

32. 造成电除尘器一次电压降低、一次电流接近于零、二次电压高、二次电流为零的故障原因是（　C　）。

　　A. 完全短路

　　B. 不完全短路

　　C. 高压整流变压器开路

　　D. 高压硅整流变压器高压线圈局部短路

33. 当二次电压正常，二次电流显著降低时，可能发生了（　C　）。

　　A. 电晕线断线　　　　　　　　B. 电缆击穿

　　C. 收尘极板积灰过多　　　　　D. 气流分布板孔眼被堵

34. 对电除尘效率影响最大的因素是（　A　）。

　　A. 烟气性质、粉尘特性、结构、运行

　　B. 运行、结构

　　C. 漏风量及控制的好坏

　　D. 粉尘的比电阻

35. 电除尘器运行过程中烟尘浓度过大，会引起电除尘器的（　A　）现象。

　　A. 电晕封闭　　B. 反电晕　　　C. 电晕线肥大　　D. 二次飞扬

36. （　A　）是使粉尘沉积的主要部件，其性能好坏直接影响电除尘的效率。

　　A. 阳极系统　　　　　　　　　B. 阴极系统

　　C. 槽形板系统　　　　　　　　D. 高压供电系统

37. 造成一次电压、一次电流正常，二次电压正常，二次电流为零的故障原因是（　A　）。

　　A. 高压硅整流变压器二次电流表测量回路短路

B. 高压硅整流变压器二次开路

C. 高压硅整流变压器内高压硅堆击穿

D. 高压硅整流变压器高压线圈局部短路

38. DCS 盘显示二次电流正常或偏大,二次电压升至较低电压时就发生闪络,可能因为(B)造成的。

A. 两极短路

B. 电晕极顶部绝缘子室加热装置故障而受潮

C. 高压硅整流变压器高压硅堆击穿

D. 二次电流取样屏蔽线短路

39. 高压硅整流变压器的特点是(A)。

A. 输出直流高电压　　　　　　B. 输出电流大

C. 输出电压低　　　　　　　　D. 回路阻抗电压比较低

40. 当灰斗的阻流板脱落,气流发生短路时,一次电压、二次电压、电流以及除尘效率分别为(D)。

A. 正常、不变　　　　　　　　B. 升高、降低

C. 降低、降低　　　　　　　　D. 正常、降低

41. 阳极振打一般采用(D)装置。

A. 顶部振打　　　　　　　　　B. 中部摇臂锤振打

C. 下部摇臂锤振打　　　　　　D. 下部机械切向振打

42. 当二次电压正常、二次电流显著降低时,可能是因为(B)造成。

A. 电晕极断线　　　　　　　　B. 电晕线肥大

C. 电缆击穿　　　　　　　　　D. 气流分布板孔眼被堵

43. 当整流升压变压器出口限流电阻烧断时,表盘显示:一次电压较低,一次电流接近零,二次电压(A),二次电流为零。

A. 很高　　　　B. 很低　　　　C. 正常　　　　D. 为零

44. 当电晕极支撑绝缘瓷套管对地产生沿面放电时,二次电流(D)。

A. 升高

B. 降低

C. 正常

D. 不稳定、毫安表指针急剧摆动

45. 当出现电晕封闭时，表盘显示二次电流（ D ）。

　　A. 正常　　　　B. 略有升高　　C. 显著升高　　D. 显著降低

46. 通常要求各台电除尘器的烟气量分配相对偏差应小于 ±（ C ）。

　　A. 3%　　　　　B. 6%　　　　　C. 10%　　　　　D. 15%

47. DCS 盘显示，一次电压较低，一次电流接近零；二次电压很高，二次电流为零，则可能原因是（ A ）。

　　A. 电场顶部阻尼电阻烧断　　　B. 高压隔离开关接地

　　C. 电晕极振打力不够　　　　　D. 电晕线断线

48. 高频电源 IGBT 变压器的温度不应超过（ B ）℃。

　　A. 40　　　　　B. 60　　　　　C. 80　　　　　D. 105

49. 影响除灰管道磨损的主要因素有灰渣颗粒尺寸、灰渣颗粒硬度和形状、输送灰渣的浓度及（ B ）。

　　A. 管道长度　　B. 管道流速　　C. 流体黏度　　D. 管道阻力

50. 最适合电除尘器的粉尘比电阻 ρ（ $\Omega \cdot cm$）为（ C ）。

　　A. $\rho < 10^3$　　　　　　　　B. $\rho < 10^4$

　　C. $10^4 < \rho < 5 \times 10^{10}$　　　　D. $\rho > 5 \times 10^{10}$

51. 仓式泵用于（ B ）系统。

　　A. 水力除灰　　B. 气力除灰　　C. 湿式除尘　　D. 电气除尘

52. 灰库气化风机的作用是（ C ）。

　　A. 密封、防止灰外漏　　　　　B. 放灰时使灰库下灰

　　C. 防止灰板结

53. 干式电除尘器比湿式电除尘器除尘效率（ C ）。

　　A. 高　　　　　B. 一致　　　　C. 低

54. 电除尘器在正常运行状态下各电场除灰量分配为（ A ）。

　　A. 一电场＞二电场＞三电场＞四电场＞五电场

　　B. 五电场＞四电场＞三电场＞二电场＞一电场

　　C. 一电场＝二电场＝三电场＝四电场＝五电场

　　D. 一电场＝二电场＞三电场＝四电场＞五电场

55. 气力除灰系统中干灰吸送，此系统为（ C ）气力除灰系统。

    A. 正压   B. 微正压   C. 负压   D. 微负压

56. 储气罐与空气压缩机之间应装设（ C ）。

    A. 调节阀   B. 节流阀   C. 止回阀   D. 安全阀

第三章

问答题

1. 简述热气旁路阀在冷干机中的作用。

答： 压缩空气在蒸发器中冷却时，有大量凝结水析出。如果冷媒蒸发温度过低，使蒸发器铜管表面温度在负荷条件下低于水的冰点，则凝结水就会在蒸发器里结冰，严重时阻塞气流通道，使供气管道瘫痪。为了防止这种情况的出现，必须对冷媒蒸发温度加以控制。其简单有效的措施就是在冷凝器和蒸发器之间加设一只热气旁路阀。热气旁路阀的测压管与蒸发压力直接连接，当蒸发压力低到一定程度时，热气旁路阀开启，冷凝器中的高温冷媒蒸气直接进入蒸发器，提升蒸发温度，避免冰堵现象。

2. 冷干机用制冷压缩机有什么特点？

答： 冷干机使用的制冷压缩机目前大多采用高中温型全密封往复式压缩机。其特点是结构紧凑、体积小、质量小、振动小、噪声低、能效比（EER）高，其中全密封压缩机的电动机与压缩机阀体密封在整个钢制壳体内。电机处在冷媒气态环境中运行，冷却条件较好。寿命较长，壳体内部存有规定数量的润滑油，在压缩机工作时，对各部自动供油，不需再添加润滑油。

3. 冷干机对压缩空气进气温度有何要求？

答： 进气温度是冷干机的一个重要技术参数，所有厂家对冷干机进气温度均有明确限制，因为进气温度高，不仅压缩机负荷增加，而且压缩空气中所含的水蒸气含量也增加了。一般规定冷干机的进气温度不超过38℃，空压机排气温度超过38℃时，必须在空压机下游增设后部冷却器，使压缩空气温度降低到规定值后再进入后处理设备。

4. 吸附式干燥机工作时，A/B 塔的进气、排气阀如何动作？

答：A/B 塔分别有一台进气、排气阀，当 A 塔为吸附功能时，A 塔进气阀打开，排气阀关闭，A 塔内吸附剂吸收压缩空气中的水分。此时 B 塔作为再生塔，进气阀关闭，排气阀打开，气流从顶部单向阀进入，由排气阀排出。当 B 塔再生完毕，关闭排气阀，打开进气阀，A/B 塔压力相等后，A 塔进气阀关闭，排气阀打开。此时 A/B 塔吸附 / 再生功能切换完毕。阀门为 PLC 自动控制。

5. 简述压缩空气管路试压和密封试验的方法。

答：（1）联系检修人员对喷吹气包进行渗漏试验，确保喷吹气包及管路内无铁屑和其他杂物。

（2）打开喷吹气包进气手动门，喷吹气包压力升至 200kPa 时，检查有无漏气声及异常声音。

（3）关闭喷吹气包进气手动门，观察喷吹气包压力下降速度，应小于 50kPa/min。

（4）检查每个脉冲阀的功能，脉冲动作三个周期，检查应无异常现象。

（5）若某一脉冲阀动作异常，应做好标记，待修复后，重新试验。

6. 冷干机冷媒高压过高怎么处理？

答：（1）若进气温度高，应检查并开大空压机冷却水流量，增大水流量，降低冷干机进气温度。

（2）若冷水温高（大于 32℃），应检查来水情况。

（3）若冷却水流量小，应开大阀门开度，增大水流量。

（4）若过滤器堵塞，应联系维护人员清堵。

（5）若冷却水侧结垢，应联系检修人员办票处理。

7. 冷干机冷媒高压过低怎么处理？

答：（1）若负荷过小，应增大负荷或调节补偿。

（2）若冷却水流量过大或水温过低，应关小冷却水，减小冷却水流量。

（3）若制冷剂泄漏，应联系检修人员办票处理。

8. 空压机运行中跳闸原因有哪些?

答:(1)电机及控制系统电源电压异常或失电。

(2)排气温度≥107℃,保护动作。

(3)机组排气压力超过额定压力,电机超载引起电机热偶动作。

(4)润滑油规格不正确,润滑效果差,空压机油细分离器油位低,电机超载引起电机热偶动作。

(5)油气分离器堵塞(内压高),引起油气分离器压差大保护动作,或电机超载引起电机热偶动作。

(6)螺杆空压机机头故障,如转子积碳、进入异物等。

(7)线路接触不良,接触器故障。

(8)断油电磁阀故障。

(9)空压机超载保护动作。

(10)就地按"紧急停运"按钮。

(11)空压机空载时间超出设定值。

9. 响除灰管道磨损的主要因素有哪些?

答:①灰渣颗粒尺寸;②灰渣颗粒硬度和形状;③输送灰渣的浓度;④管道流速。

10. 电除尘器阳极系统由哪几部分组成? 其功能是什么?

答:阳极系统由阳极板排、极板的悬吊和极板振打装置三部分组成。其功能是捕获荷电粉尘,并在振打力作用下使阳极板表面附着的粉尘成片状脱离板面,落入灰斗中,达到除尘的目的。

11. 输灰系统压缩空气含水会有哪些影响?

答:(1)使压缩空气管路、阀件等产生锈蚀。

(2)使被输送的粉煤灰黏结,增加输送阻力,降低流速,甚至堵塞管道。

(3)对于气动操作和控制系统,压缩空气中的水分会由于高速气流降压而发生冰堵,使气流中断。

(4)在布袋除尘器上,反吹空气的潮湿会使细灰粘在过滤布袋上,使布袋过滤器的阻力增加,滤气能力下降,输灰管的背压增高,严重时会造成布袋破损、脱落,甚至压扁布袋龙骨。

12. 电除尘器的基本工作原理是什么？

答：电除尘器的基本工作原理是在两个曲率半径相差较大的金属阳极和阴极一对电极上，通以高压直流电，维持一个足以使气体电离的静电场。使气体电离后所产生的电子、阴离子和阳离子吸附在通过电场的粉尘上，从而使粉尘获得电荷，即粉尘荷电。荷电粉尘在电场的作用下便向与其电极性相反的电极运动，而沉积在电极上以达到粉尘和气体分离的目的。电极上的积灰经振打、卸灰、清出本体外，再经过输灰系统（分为干输灰和湿输灰）输送到灰场或其他存储装置中。净化后的气体便从所配的排气装置中排出。

13. 有效振打清灰的同时要防止或减少二次扬尘的主要措施有哪些？

答：（1）选择合理的振打强度和振打方式。

（2）降低电场风速，并使其分布均匀。

（3）在收尘极板上设置防风沟。

（4）防止本体漏风和窜气。

（5）在出气烟箱内设置槽形板。

（6）增加电场长度，降低电场高度。

（7）选择合理的高压供电方式，减小电压。

（8）对烟气进行调质，防止高比电阻粉尘产生的反电晕。

14. 输灰过程的四个阶段分别是什么？

答：①进料阶段；②流化加压阶段；③输送阶段；④吹扫阶段。

15. 气化风机的作用有哪些？

答：向灰斗及灰库内输入气化风，是为了防止灰斗及灰库内的灰板结，确保灰始终处于一种流化状态。

16. 为什么极板振打周期不能太长也不能太短？

答：若振打周期短，频率高，容易产生粉尘二次飞扬；若振打周期太长，粉尘已大量沉积在极板、极线上，又容易产生反电晕。

17. 什么是电晕线肥大？

答：电晕线肥大是指电晕线上沉积较多的粉尘，使电晕线变粗，导致电晕放电效果降低的现象。

18. 什么是电晕放电？

答：电晕放电是指当极间距之间电压升高到某一临界值时，电晕极处的高电场强度将其附近的气体局部击穿，而在电晕极周围出现淡蓝色的辉光并伴有咝咝的响声的现象。

19. 电除尘器的除尘过程分几个阶段？

答：①气体的电离；②粉尘获得离子而荷电；③荷电粉尘向电极移动；④将电极上的粉尘清除到灰斗中去。

20. 何谓一次电压、一次电流、二次电压、二次电流？

答：（1）一次电压（V）：输入到整流变压器初级侧的交流电压。

（2）一次电流（A）：输入到整流变压器初级侧的交流电流。

（3）二次电压（kV）：整流变压器输出的直流电压。

（4）二次电流（mA）：整流变压器输出的直流电流。

21. 什么是爬电现象？有何危害？

答：由于瓷轴和绝缘套筒密封不严而漏入冷空气（或加热器损坏而低于露点温度造成结露），由于温度下降出现冷凝水，套管因有冷凝水后在电场力作用下将空气击穿，对套管放电，这就是爬电现象。爬电会损伤套管或产生腐蚀等后果，严重时会产生频繁闪络或拉弧、短路。因此，在运行当中要保证加热良好，保持绝缘支撑柱干燥，避免漏风。

22. 何为除尘效率？

答：额定工况下除尘器进出口烟气含尘浓度之差与进口烟气含尘浓度之比。

23. 锅炉的运行参数对电除尘器有什么影响？

答：（1）在正常负荷下，锅炉的烟气流量、排烟温度、烟气含尘浓度等参数值与电除尘器设计的参数相差不大，电除尘器都能正常运行。若锅炉烟气流量增大、排烟温度升高、烟气含尘浓度增加，除尘器的运行工况就会恶化，使除尘效率降低。

（2）当锅炉长时间低负荷运行时，为稳定燃烧必须投油助燃，造成烟气温度和烟气中的黏稠物增加。这些黏稠物造成阴极线肥大、阳极板积灰，导致电场的除尘效率下降。

（3）如果锅炉内水汽泄漏，将增加烟气湿度，虽然在极短时间内因烟气被调湿而降低了煤灰比电阻，除尘效率会升高，但时间稍长，电除尘器将严重积灰，尤其在泄漏量大时阳极板甚至结垢，会降低除尘器的使用寿命。

24. 简述电除尘器高频电源的投运步骤。

答：（1）单击闭合对高频电源进行预充电。

（2）当直流母线电压达到 520V 以上时，充电完成。

（3）单击运行按钮，注意观察一次电压、一次电流、二次电流、二次电压、变压器温度、IGBT 油温、闪络计数等参数。

（4）当二次电流或二次电压上升到设定值时，运行状态会显示二次限制；当频率升满时，会显示频率限制，表明高频电源运行正常。

（5）若闪络比较频繁或者电压很低就开始闪络，运行状态会显示闪络限制，需要停止高频电源运行，联系检修人员处理。

（6）确认高频电源冷却风机吹风正常。

25. 输灰系统堵塞位置的判断方法是什么？

答：（1）就地判断方法：就地用小锤敲击管路和仓泵判断堵塞点，闷声闷响表明堵塞，敲击仓泵和管路声音响亮表明灰量较少。

（2）远方判断方法：在输灰单元停止模式下，打开补气阀吹扫出料阀后管道，若输灰压力不能在 60s 内下降至空管压力 0.05MPa，说明出料阀后管道堵塞，否则说明出料阀后管路通畅，堵塞点在出料阀前。

26. 输灰系统停运的原则是什么？

答：（1）正常停运是指机组停运后将除尘器灰斗和输灰系统存灰全部输送完毕的停运。根据灰斗料位和温度以及输灰压力判断，在灰斗料位值显示为 0 后，某一单元输灰系统连续 5 个自动输灰周期内在 30s 内就达到输灰结束压力 $p < 0.05MPa$ 时，表明其对应的除尘器灰斗和输灰单元仓泵及管道存灰已经输完，该输灰单元可以正常停运。灰斗内积灰全部卸完，停运灰斗气化风机

及其加热器。

（2）紧急停运是指机组运行中，输灰系统发生故障危及人身和设备安全以及污染环境时的临时停运，紧急停运时无论除尘器灰斗和输灰系统有无存灰都应立即停运输灰系统，待故障消除后才允许再次启动输灰系统。

27. 输灰系统紧急停运的条件是什么？

答：（1）输灰系统出现泄漏、冒灰现象。

（2）灰库运行出现"高料位"报警。

（3）运行灰库系统出现故障，不能正常进灰。

（4）发生危及人身或系统设备安全运行的其他紧急情况。

28. 灰斗料位未清空的情况下是否可以停运气化风机？停运时间如何把控？

答：通常情况，灰斗料仓有料的情况下不允许停运；灰斗存灰彻底走空待输灰系统停运后才可以停运灰斗气化风机及电加热器。

29. 仓泵内有余压，打开透气阀后不能卸压的原因是什么？

答：仓泵堵塞；单元输灰管堵塞；灰斗内积灰过多，超过排气管出口高度，使排气失效；仓泵内进水。

30. 气力除灰系统吹堵阀压力整定高低对系统有何影响？

答：（1）吹堵阀的整定压力，根据仓泵型式、输送距离和送灰量等具体情况而定。

（2）如压力整定偏高，自动吹堵阀不易动作，将使吹堵时间延长甚至不易吹通，输灰困难。

（3）若压力整定偏低时，又将使吹堵阀的动作过于频繁，浪费气源，造成压缩空气母管压力低，影响输送速度。

31. 输灰管的排堵方法是什么？

答：（1）正常排堵方法：参照除灰规程自动吹堵程序步骤执行。

（2）手动排堵方法：将该单元切换为手动方式，关闭该单元所有仓泵进料阀、平衡阀，打开该输灰单元的进气阀和输送阀对管线进行升压。当升到最高压力时，关闭单元进气阀和出料阀，就地迅速打开反抽清堵阀，使堵塞的灰反抽至灰斗，如不能吹通，再次循环操作。堵塞疏通后，应打开进气阀和出料阀，用压缩空气吹 10min 以清除管内的积料，然后切为自动控制。当堵塞严重时，通知检修人员卸开法兰进行清堵。

32. 粉尘的荷电量与哪些因素有关?

答：在电除尘器的电场中，粉尘的荷电量与粉尘的粒径、电场强度、停留时间等因素有关。

33. 电袋除尘器大修或安装后电加热器加温试验的目的是什么?

答：开启阴极悬吊绝缘子室的电加热器，检查温度升高的速度，并检查本体内未通入热烟气时其最高、最低、露点三个温度计自控制系统是否灵敏，核实控制温度范围与实测温度有多大差异。

34. 电袋除尘器大修或安装后的阴阳极振打机构的试运原则是什么?

答：（1）不装保险片，用手转动阳极振打轴、锤系统，检查锤头与承击砧接触点位置是否符合要求。

（2）不装保险片，转动阴极轴检查拔杆与锤头接触位置误差不超过 ±5mm。

（3）不装保险片，接通电源，启动阴阳极振打电机，检查转向是否正确，声音是否正常，空转 30 ～ 60min，再检查是否过热。

（4）装上保险片，使其振动轴锤运转 1h，检查电机是否发热，核定振打周期是否准确，有无掉锤、空锤、卡死现象。锤、砧应接触良好，减速机无漏油现象。

（5）卸灰机构应满足：卸灰阀开关正常，灰斗气化风系统无漏气，灰斗气化风量、风温合格。

35. 影响电除尘器性能的因素是什么?

答：（1）烟尘（气）性质：烟尘（气）性质包括烟气种类、组成、温度、压力、湿度及流速等；粉尘的性质主要是粉尘的化学成分和物相结构，如粉尘的比电阻、粉尘浓度、分散度、黏度和密度等。

（2）设备状况：电除尘器的极配形式；电场划分情况；振打清灰方式及振打制度；气流分布均匀程度；电气控制特性等。

（3）操作条件：操作电压、比电流、电极清灰效果、漏风及二次扬尘等。

36. 电除尘器运行参数的调整原则是什么？

答：（1）电除尘器电场区输灰能力下降，灰斗料位在正常料位以上，可适当降低电场运行参数（一般通过调节二次电流极限来限流）运行，适当将电场区灰量转移到布袋区。

（2）电场区某个灰斗灰位高于正常料位，输灰仓泵故障时，可适当降低对应电场运行参数（一般通过调节二次电流极限来限流）运行。

（3）防止布袋区输灰系统过负荷堵管或灰斗产生高料位报警。

37. 振打控制方式的调整原则是什么？

答：（1）当电极普遍积灰严重时，可适当增加振打频率，缩短振打间隔。

（2）锅炉燃烧煤质变差，除尘器进口烟气浓度大，二次电压高、二次电流小的时候，应适当地缩短振打周期时间，反之则延长。

38. 电除尘器高压隔离开关的作用是什么？

答：（1）设备检修时，将手柄切换至接地位置，将电场与高压直流电源隔离，以保证被隔离的电场能安全检修。

（2）设备空升实验时，将手柄打至电场或中间位置，可以改变高压设备的运行方式，用于测试电场或高压电气设备。

39. 电除尘器阴阳极振打的作用是什么？

答：要保证除尘器稳定、高效、可靠运行，就需要对电除尘器极板定期进行清灰，一般布袋除尘采用反吹气清灰，电除尘采用机械振打装置作为除尘的清灰机构。振打的作用是使收尘极板上附着的粉尘落入下部的灰斗中。除阳极板外，由于一部分带正电荷的粉尘向电晕极迁移，并粘附在极线上，从而可能影响电晕极的放电性能，进而影响收尘效果，因此也必须对电晕极进行振打，以保持其良好的放电性能。

40. 振打周期对除尘效率的影响是什么?

答：电除尘器的振打方式有两种：周期振打和连续振打。在系统启、停阶段及发生故障的情况下，可采用连续振打；在系统进入正常运行中采用周期振打，以保证良好的清灰效果，抑制二次扬尘，提高除尘效率。

41. 除尘系统灰斗高料位的危害是什么?

答：（1）对设备安全的影响。灰斗垮塌，灰斗长期高料位，除尘器灰斗荷载过大，部分设计施工有缺陷的灰斗会发生垮塌。

（2）对除尘器的影响。对于电除尘器，灰斗料位高会导致电场极板短路，电场极板损坏，电场无法投运，还会影响振打装置的运行。对于布袋除尘器，灰斗积灰，烟气在灰斗上方形成的气旋带灰会导致布袋磨损，影响布袋使用寿命，部分布袋长度设计不合理的除尘器，还会导致布袋袋笼被顶起，影响除尘效果。

（3）对输灰系统的影响。灰斗高料位后，因流化气并联运行，高料位灰斗流化效果差，灰斗下灰不畅，输灰困难。时间长流化气管堵塞，灰斗灰板结。

42. 电袋除尘器布袋喷吹控制方式的调整原则是什么?

答：（1）当除尘器进出口压差大于或等于 1000Pa 时，室清灰间隔时间缩短 5s。

（2）当除尘器进出口压差大于或等于 1100Pa 时，除尘室清灰间隔时间缩至最小。

（3）将滤袋压差保持在允许范围的前提下尽可能延长清灰周期，且清灰周期在允许范围。

43. 简述二次电流、电压均正常，但除尘效率低的处理方法。

答：（1）调整异极距。

（2）清除堵灰或更换分布板。

（3）改进密封，补焊堵塞漏风处减少漏风；降低电场风量和电场风速；烟气调质，调整工作点。

（4）调整振打强度、时间和周期，防止产生反电晕，控制火花率。

（5）根据修正曲线按实际工况考核效率。

（6）检修振打装置，使其转动灵活或更换加大锤重。

（7）检查阻流板，改善气流分布。

（8）降低排烟温度，以降低粉尘的比电阻。

44.简述电场产生严重闪络而跳闸的原因及处理方式。

答：灰斗内积灰大量增加至灰斗上口以上，甚至积灰到极板、极线埋在灰内，造成两相间绝缘性能大降，发生闪络。

45.除尘器在运行过程的中注意事项是什么?

答：（1）运行过程中柜门应关闭严密，禁止随意开启控制柜。

（2）不要在高频电源接通的时候进入除尘器。

（3）保持高频电源周围环境清洁，防止异物堵塞散热风道。

（4）设备运行过程中不得随意断开控制柜内的空气开关。

（5）设备运行过程中勿触碰控制柜的控制器和导线，以防设备损坏和运行不正常。

（6）除尘器入口烟气温度超过170℃时，应开启事故喷淋系统降温，若不能降温或烟气温度仍超高，则需停炉处理。

（7）当锅炉尾部发生二次燃烧或空气预热器停转时开启事故喷淋系统降温，若不能降温或烟气温度仍超高，则需停炉处理。

（8）若锅炉发生"四管"爆裂，为避免水蒸气进入滤袋，应紧急停炉。

（9）运行中若发生灰斗堵灰情况，应降低锅炉负荷，及时进行事故放灰。

（10）当存在滤袋破损时应及时停机处理。

46. 电除尘器的紧急停运规定有哪些?

答：（1）整流变压器发热严重，已超过正常允许值。严重者发生整流变压器内部有异音，且有不均匀的爆炸声；整流变压器冒烟、着火、铁壳破裂或防爆膜破裂且向外喷油喷火时。

（2）整流变压器套管端头熔断、阻尼电阻烧坏时。

（3）设备有明显的闪络、拉弧、振动等。

（4）高压绝缘部件闪络严重，高压电缆头闪络放电。

（5）供电装置失控，出现大的冲击电流。

（6）电气设备起火。

（7）电场发生短路。

（8）电场内部异极距严重缩小，电场持续拉弧。

（9）可燃性气体进入电除尘器电场、电场电压为零时。

（10）发现烟囱烟气不正常，锅炉受热面泄漏，电场电压、电流大幅度摆动时。

（11）电除尘器内部着火时，同时汇报值长紧急停炉。

（12）发生其他严重威胁人身与设备安全的情况。

（13）输灰系统严重故障，已出现高料位报警，且短时间无法排除。

47. 灰斗防堵免伴热系统的工作原理是什么？

答：除尘器的落灰进入灰斗后仍带有一定量的负电荷，安装于流化风管道上的防堵器将流化风电离成负离子，并吹入灰斗内部，根据带负电荷灰粒之间相互排斥的原理，进一步增加带电灰粒之间的排斥力，加强灰粒之间的散化和流动性，达到不用灰斗外壁加热同样能增加灰粒之间散化和灰流动性增强的效果。

第四章

典型事故

1. 简述空压机主机排气温度高的原因及处理方法。

答：原因：

（1）润滑油量不足或油质不好。

（2）冷却水量不足或油冷却器堵塞。

（3）温控阀故障。

（4）空气过滤器不清洁或油过滤器堵塞。

（5）主机头内机械故障。

处理方法：

（1）检查油气箱油位和油质，联系检修人员加油或换油。

（2）检查油是否经过油冷却器冷却，若无，则温控阀有故障，应联系检修人员进行处理。

（3）检查冷却水是否正常，如不正常，应及时切换备用冷却水运行。

（4）清洗或更换油过滤器、空气过滤器。

（5）经运行人员处理后，若排气温度仍呈上升趋势，应及时停止故障空压机运行。

（6）若排气温度开关动作，空压机跳闸，应按空压机跳闸处理，此时不允许再次启动，待温度降至正常并经检修人员处理完无其他问题后，经值长允许才能再次启动。

2. 简述空压机排气压力低的现象、原因及处理方法。

答：现象：

（1）系统用气量太大或管路泄漏。

（2）空气过滤器堵塞，进气量不足。

（3）空压机进气调节阀失灵。

（4）空压机跳闸。

原因：

（1）润滑油量不足或油质不好。

（2）冷却水量不足或油冷却器堵塞。

（3）热控阀故障。

（4）空气过滤器不清洁或油过滤器堵塞。

处理方法：

（1）检查压缩空气用量和压缩空气管路有无泄漏。

（2）联系检修人员更换空气过滤器。

（3）若空压机进气调节阀失灵，联系人员检修处理。

（4）若空压机跳闸，按空压机跳闸处理。

（5）启动备用空压机。

3. 简述干燥器露点温度高的原因及处理方法。

答：原因：

（1）进气温度高。

（2）环境温度高或冷却风量不足，冷凝器结垢严重。

（3）流量过大。

（4）露点温度计指示不准。

（5）空气没有流通。

（6）吸附剂被油污染。

（7）水分含量过大。

（8）过滤器失效。

处理方法：

（1）检查空压机运行情况，降低进气温度。

（2）检查冷却风机运行情况，查明原因，如环境温度高或风机运行不正常，应汇报主值。

（3）检查空气管道有无泄漏，如泄漏应停止干除灰系统运行，联系检修人员处理。

（4）检查空气旁路阀是否关闭，改善压缩空气使用情况。

（5）联系检修人员检查，更换露点温度计。

（6）将干燥机泄压，检查干燥剂是否变色、中毒。

（7）更换滤芯。

4. 简述空压机跳闸的原因及处理方法。

答：原因：

（1）空压机润滑油量过少或油质不良。

（2）主机排气温度高或空压机排气温度升高到超过规定值。

（3）空压机过载或油、空气滤清器堵塞，压差超过规定值。

（4）空压机电源故障或失去电源。

（5）空压机机械部分发生故障。

处理方法：

（1）发现空压机全部跳闸，应立即停止相对应的干除灰系统，防止堵管。

（2）启动备用空压机。

（3）确认跳闸原因，联系检修人员处理。

（4）做好记录，汇报值长。

5. 简述电场完全短路的现象、原因及处理方法。

答：现象：

（1）投运时一次电流上升很大，而一次电压指示较低。

（2）投运时二次电流骤增，二次电压指示为零。

（3）电场投入后跳闸。

原因：

（1）电晕线脱落与阳极或外壳接触。

（2）高压部分瓷套被击穿。

（3）可控硅击穿短路或变压器二次侧绕组短路。

（4）极板和极线之间有杂物造成短路。

（5）电场下部的灰斗灰位高，造成阳极板与阴极线下部短路。

处理方法：

（1）停止高频电源运行，断开电源闸刀。

（2）检查高压隔离开关操作位置是否正确，接触是否良好，开关应在"电场"位置。

（3）如果是灰斗积灰造成，应全面检查输灰系统，尽快输出该灰斗的积灰。

（4）以上故障排除，可再次做升压试验，若仍不能排除故障，则立即停止供电，断开电源，及时汇报值长转入检修处理，做好值班记录。

6. 简述电除尘效率低的原因及处理方法。

答：原因：

（1）煤质突然改变，锅炉燃烧工况恶化。

（2）气流分布板堵灰、磨损严重或烟道中积灰严重，造成气流分布不均匀，严重时造成烟气偏流。

（3）电除尘器本体漏风严重。

（4）振打周期不合理、力度不符合要求或振打装置故障。

（5）极距调整不当，造成偏差过大。

（6）高压供电装置调节失灵。

（7）部分或全部电场跳闸。

处理方法：

（1）立即消除漏风现象。

（2）检查高压供电装置工作情况，适当调整运行参数。

（3）检查振打系统是否正常，调整振打周期以获得最佳振打效果。

（4）大、小修期间对电场内部进行检修。

（5）通知检修人员，消除控制系统故障。

（6）查找跳闸原因，及时投运电场。

7. 简述灰斗高料位报警的原因及处理方法。

答：原因：

（1）输灰系统运行异常。

（2）灰斗加热运行异常。

（3）灰斗料位计故障。

（4）灰斗下灰不畅。

（5）粉尘量大，超出设计输送系统出力。

处理方法：

（1）确认并使输灰系统正常运行，必要时联系检修人员处理。

（2）确认并使灰斗加热正常运行，必要时联系检修人员处理。

（3）适当降低机组负荷，必要时联系检修人员处理。

8. 简述灰斗不下灰的原因及处理方法。

答：原因：

（1）灰斗加热未投入。

（2）灰斗漏风严重。

（3）灰斗气化风不良。

（4）油灰混合物在灰斗壁挂灰严重。

（5）灰斗保温不良。

（6）烟气中水分过大，灰潮、板结、棚灰。

（7）透气阀未开或开不到位。

（8）灰斗落灰手动插板阀未开或开不到位。

处理方法：

（1）投入灰斗加热。

（2）查明地点原因，联系检修人员处理。

（3）检查气化风电磁阀是否故障打不开。

（4）油枪未撤，不得投入整流变压器。

（5）查找下灰不良的原因，联系检修人员处理。

（6）对锅炉进行检查，核对原因及时处理。

（7）确认透气阀开启到位，及时疏通落灰管。

（8）确认灰斗落灰手动插板阀开启到位，及时疏通落灰管。

9. 简述灰斗堵灰现象、原因及处理方法。

答：现象：输灰系统运行正常，灰斗高料位持续报警。

原因：

（1）灰斗内部有异物落下，将下灰口堵死。

（2）灰斗有漏风点，致使灰温降低而结块。

（3）灰斗电加热器未投入或气化风系统未投。

（4）下料摆动阀故障或仪用气压不正常导致摆动阀不动作，从而导致灰斗内堵灰。

（5）输灰系统出力降低或故障致使灰斗积灰。

（6）下雨天除尘器顶部漏水到除尘器本体内部，致使灰发潮或结块。

处理方法：

（1）停运该单元输灰系统，通知检修人员清理异物。若异物不能取出，可将该灰斗所对应电场的高频电源停运，做好记录，汇报相关人员。

（2）通知检修人员处理漏风；当灰斗下的仓泵正处于装料状态时，用锤子敲打灰斗下部的振打砧，保证灰斗正常下灰。

（3）投入两台灰斗气化风机及电加热器，提高灰的温度及流动性。

（4）联系检修人员处理下料摆动阀故障，保证灰斗下灰正常。

（5）排除输灰系统故障，使其正常运行。

（6）对除尘器本体顶部进行漏风检查，及时消除漏风、漏雨。

10. 简述仓泵或单元支管堵塞的现象及处理方法。

答：现象：

（1）仓泵的压力和输灰管道的压力差增大，超过 0.lMPa。

（2）堵管处的仓泵压力与其后的仓泵压力差增大。

（3）单元输灰时间延长。

处理方法：

（1）若发现仓泵或单元支管堵塞的情况，待单元输灰完毕输灰管道的压力降到零时，关闭单元出料阀，确认堵灰的位置，用手锤敲击管道或用手摸试输灰管道的外壁来判断堵灰的位置。

（2）如确认堵灰位置在仓泵后出料处，打开堵灰处仓泵的平衡阀泄压后关闭，打开该输送单元的进气阀，充压后打开出料阀，进行空气吹扫，依次反复进行，直到吹通为止。

（3）如确认堵灰处在单元支管上，打开堵塞处前一个仓泵的平衡阀，泄压后关闭，全开该仓泵的流化风阀，关闭该单元其他仓泵的流化风阀，开启单元进气阀和单元出料阀，同时用手锤敲击堵塞处，依次反复进行，直到吹通为止。

（4）堵塞吹通后，关闭本单元进气阀和出料阀，将仓泵各阀门位置恢复至初始位置，开始进行正常的输灰循环。

（5）通过运行方式的切换和人工处理都不能疏通时，应停止对应系统，通知检修人员处理。

11．简述输灰系统管道堵塞的现象、原因及处理方法。

答：现象：

（1）输灰母管堵管报警压力开关定值0.35MPa动作。

（2）输灰单元自动停运，单元进气阀和出料阀关闭。

（3）输送管道出口就地压力表指示升至0.35MPa。

（4）输灰画面输送管道压力指示升至0.35MPa。

原因：

（1）输灰管有异物或积灰堵塞。

（2）输灰供气压力低或调压阀失灵。

（3）输灰单元进气阀门误关。

（4）仓泵装灰过多。

（5）物料湿度大。

处理方法：

（1）堵管时需采用DCS手动的方式进行处理。

（2）关闭输送单元进气阀、流化风阀、助吹阀、出料阀。

（3）打开输送单元各仓泵平衡阀、输灰管道清堵料阀，放尽输灰管内的残压后，将其关闭。

（4）打开输灰管道助吹阀，使输灰管重新增压，压力升高后将其关闭。

（5）打开输灰管道清堵阀，释放压力到零后关闭。

（6）重复上述操作，直至输灰管吹扫通畅，输送压力恢复至0.18MPa以下。

（7）系统恢复正常后，重新启动单元输灰。

（8）若手动吹扫无效，应汇报领导，联系检修人员进行管道内部的检查。

（9）如果属于物料湿度大的情况，应该查清是什么原因，如灰斗加热是否投运、气化风系统是否正常、雨天除尘器本体是否漏水等。

第五章

计算题

1. 某厂电除尘器入口烟尘浓度 C_{in} 为 43 087mg/（标准状态下），出口烟尘浓度 C_{out}100 mg/（标准状态下），漏风率 Δa 为 4%，求该除尘效率 η 是多少？

解：
$$\eta = \frac{C_{in} - C_{out}(1 + \Delta \alpha)}{C_{in}} \times 100\%$$

$$= \frac{43\,087 - 100(1 + 4\%)}{43\,087} \times 100\% = 99.758\%$$

答：除尘效率为 99.758%。

2. 某厂除尘器进出口测点处求得标准状态下进口烟气流量 q_{Vin} 为 419 483m³/h，出口烟气流量 q_{Vout} 是 429 074m³/h，求该电除尘器漏风率 Δa 是多少？

解：
$$\Delta\alpha = \frac{q_{Vout} - q_{Vin}}{q_{Vin}} \times 100\% = \frac{429\,074 - 419\,483}{419\,483} = 2.29\%$$

答：该电除尘器漏风率为 2.29%。

3. 在除尘器进 / 出口测点处烟道断面，同时测试各点全压得出进口断面全压平均值 p_{out}=-2.45kPa，出口断面全压平均值 p_{in}=-2.59kPa。求该电除尘器阻力 Δp 是多少？

解：$\Delta p= p_{in} - p_{out} = -2.59+2.45= 0.14$（kPa）$=140$（Pa）

答：该电除尘器阻力为 140Pa。

4. 某三电场除尘器在运行 1 个月（30 天）中，因故障第一电场停止运行 6h，第二电场停止运行 18h，第三电场停止运行 24h，

该月的设备投入率是多少?

解：
$$30 \times 24 \times 3 = 2160 \text{（h）}$$
$$6+18+24=48 \text{（h）}$$
$$（2160-48）/2160 \times 100\% = 97.7\%$$

答：该月的设备投入率是 97.7%。

第四篇

输煤部分

第一章

填空题

1. 胶带按覆盖胶的性能可分为普通型、耐热型及耐寒型。

2. 为防止输送带过量跑偏而发生事故，安装有跑偏开关，用于检测胶带的跑偏量，实现自动报警和停机。

3. 皮带的撕裂一般有纵向撕裂和横向撕裂两种形式。

4. 当带式输送机倾角超过 4° 时，为防止重载停机发生倒转事故，一般要设置制动装置。常用的制动装置有带式逆止器、滚柱逆止器、电力液压制动器、电磁制动器。

5. 带式输送机主要由胶带、驱动装置（电动机、液力偶合器、减速机）、改向滚筒、驱动滚筒、调心托辊组、缓冲托辊组、平型托辊组、槽型托辊、拉紧装置、清扫器、导料槽、机架以及安全保护装置、防尘护罩等组成。

6. 输煤系统集中控制的主要内容是集中操作、集中选择运行方式、集中信号、集中监测。

7. 煤中的三块，主要指木块、铁块、大煤块。

8. 输煤系统的集控就是对煤流、测温测振、信号、速度、跑偏、撕裂、警铃等的控制。

9. 减速器地脚螺栓及各部连接螺栓应无脱落松动，各结合面及输入、输出轴颈应无漏油现象。

10. 托辊应无卡涩、掉落、生锈现象。

11. 运行中的胶带机应无严重跑偏、撕裂、堵煤、断裂等现象，如发生异常情况要立即处理。

12. 配煤的原则是高煤位顺序配、低煤位优先配、余煤配、强制配煤。

13. 为保证系统安全、可靠运行并便于程控，系统上设有<u>跑偏</u>、<u>撕裂</u>、<u>堵煤</u>、<u>速度</u>、<u>煤流信号</u>及<u>拉绳开关</u>等保护，并分别与系统联锁。

14. 带式输送机的主要技术参数有<u>带宽</u>、<u>带速</u>、<u>输送量</u>三个。

15. 带式输送机的落煤装置由<u>落煤管</u>、<u>导煤槽</u>组成。

16. 轴承发热及损坏的主要原因是轴承内润滑油不够或脏污、油内有灰砂杂质等碎屑，造成轴承<u>磨损严重</u>和<u>剧烈振动</u>等。

17. 带式输送机的拉紧结构形式有<u>重锤拉紧</u>、<u>螺旋拉紧</u>、<u>小车张紧</u>、<u>液压拉紧</u>、<u>卷扬绞车</u>五种。

18. 带式输送机一般都装有：<u>槽形双向</u>可逆自动调心托辊和<u>平行</u>自动调心托辊。

19. 带式输送机上的胶带按其径向扯断强度的大小可分为<u>普通型</u>和<u>强力型</u>两种。

20. 联轴器不但能传递<u>扭矩</u>，还能减缓冲击、吸收<u>振动</u>。

21. 一般联轴器有高速和低速之分，高速联轴器有弹性柱销联轴器、<u>尼龙柱销联轴器</u>、梅花盘式联轴器、液力耦合器、挠性联轴器。低速传动联轴器有<u>十字滑块联轴器</u>、<u>齿轮联轴器</u>。

22. <u>皮带的带速是指皮带在单位时间里走过的距离</u>。

23. 输煤皮带的沿线应设有<u>拉绳开关</u>，用于紧急停机。

24. 托辊的作用就是<u>支撑皮带</u>，<u>减少运行阻力</u>，并使胶带的垂度不超过一定的限度。

25. 火力发电厂输煤系统中，皮带输送机的控制方式有<u>就地手动控制</u>、<u>集中手动控制</u>和<u>集中程序控制</u>。

26. 机器设备表盘见本色，表面无<u>积粉</u>、<u>积油</u>和<u>积垢</u>。

27. 带式输送机的胶带接头粘接方法常见有<u>热粘法</u>和<u>冷粘法</u>。硫化器属于上述<u>热粘法</u>中的设备。

28. 弹簧清扫器是利用弹簧压紧刮煤板，把皮带上的煤刮下的一种装置。胶带非工作面重锤前常用一种形式为<u>三角式</u>的清扫器。

29. 减速机一般分为<u>单级</u>、<u>两级</u>和<u>三级</u>三种。

30. 设备启动前，先发出启动信号，其持续时间不少于 30s。

31. 为了防止倾斜式皮带机停机后反转，必须装设防逆转装置。

32. 振打器的运行控制方式有定时振打、自动振打和就地振打。

33. 运输皮带和滚筒上，一般应装 刮煤器。带式输送机的减速器运行中轴头漏油，主要原因是油位太高，应符合正常油位。

34. 带式输送机的托辊槽角增大后，其作用是增大堆积断面，提高输送量。可以防止撒煤。

35. 胶带由橡胶、织物衬层及带芯组成。

36. 煤种煤质的变化会造成锅炉燃烧不稳定。

37. 运煤皮带及有关设备的人行道应保持畅通，所有转动部分和拉紧皮带的重锤均有遮栏。

38. 电磁除铁器在运行中应处于常励位置。

39. 皮带机发生严重跑偏时跑偏开关能够提供一个跳闸信号，控制回路能切断电源，使皮带停机。

40. 输煤系统设备启停的原则是逆煤流启动、顺煤流停机。

41. 驱动装置是带式输送机动力的来源，电动机通过联轴器，减速机带动传动滚筒转动，借助于滚筒与胶带之间的摩擦力使胶带运转。

42. 拉紧装置的作用是保证胶带具有足够的张力，使滚筒与胶带之间产生所需要的摩擦力。

43. 带式输送机缓冲托辊的作用是在受料处减缓物料对工作面的冲击，以保护胶带。

44. 输煤系统一般由卸煤、上煤、配煤和存储四部分组成。

45. 输煤系统通常采用的除铁设备有盘式除铁器和带式除铁器。

46. 电厂运煤系统主要包括：来煤称量、煤的受卸、储存、运输、计量、破碎配仓等几个环节。

47. 自动调心托辊可分为槽形自动调心托辊和平行自动调心托辊。

48. 带式输送机的主动滚筒的表面采用人字形沟槽胶面滚筒，其主要优点是<u>摩擦系数大</u>、<u>不易粘煤</u>。

49. 润滑在机械设备中的作用是控制摩擦、减少磨损、降温冷却、防止摩擦面锈蚀、密封作用、<u>传递动力</u>、减振作用。

50. 带式输送机系统设置联锁装置的作用是减少系统中输送机的<u>开停次数</u>。保证系统中的输送机能<u>顺序启停</u>。当系统中重要部件出现故障时，系统会自动停止。

51. 减速机振动异常或声音异常的原因有地脚螺丝松动，联轴器中心不正，齿轮掉齿，<u>齿轮磨损严重</u>、<u>轴承故障</u>等。

52. 大型火电厂中，常用的燃煤计量设备有<u>电子轨道衡</u>、<u>电子皮带秤</u>和核子秤。

53. 带式输送机改向滚筒的作用是改变胶带的<u>缠绕方向</u>，使得胶带形成封闭的<u>环形</u>。皮带机常见的故障有<u>皮带打滑</u>、<u>皮带跑偏</u>、<u>皮带撕裂</u>、落煤管堵煤。

54. 若皮带拉断，程控室会发<u>重打滑信号</u>。

55. 皮带跑偏的原则是<u>跑松不跑紧</u>、<u>跑高不跑低</u>、<u>跑大不跑小</u>。

56. 每班必须对碎煤机<u>弃铁室</u>进行彻底清理，清理时尽量避免杂物落入落煤管内。

57. 设备启动后须待运转正常后方可给料，在任何情况下禁止带负荷启动碎煤机。

58. 皮带运行中要定时检查<u>观察门</u>、<u>入孔门</u>的插销，不得有<u>松动</u>或<u>脱落</u>现象。

59. 带式除铁器应无异常<u>噪声</u>和剧烈<u>摇摆</u>、<u>振动</u>等现象，弃铁皮带应无<u>打滑</u>、跑偏和撕裂现象。

60. 除铁器必须在<u>皮带机</u>运行前启动运行。

61. 输煤系统一般包括卸煤机械、运煤设备、筛分破碎装置、<u>燃煤计量</u>装置及取样装置，集中控制和自动化设备等。

62. 皮带输送机运行中禁止清理<u>托辊</u>、<u>滚筒</u>上的粘煤及<u>缠绕物</u>。

63. 皮带输送机运行中禁止<u>跨越</u>、<u>爬过</u>或在其下部穿行，如必须跨过时要经过通行桥。

64. 带式输送机驱动装置是由电动机、液力偶合器、减速器和驱动滚筒组成。

65. 电厂中的除铁设备按产生磁场类型分为永磁式除铁器和电磁式除铁器。

66. 减速箱与变速箱是主动机械与从动机械部件之间变换速度的机构。

67. 挥发分可用作煤分类的重要指标，挥发含量在 10% 以下是无烟煤，在 10% 以上是烟煤，挥发分高的燃煤容易着火。

68. 燃煤的内部特性包括发热量、挥发分、灰分和水分。

69. 煤的元素组成是碳、氢、氧、氮、硫，其中发热量最高的元素是氢，对锅炉设备有害的元素是硫。

70. 运煤方式由受煤点、煤源点和运行线路三个因素决定。

71. 燃料中的碳是决定燃料发热量的大小的重要因素，含碳量越高，发热量就越高。

72. 电路的连接形式有并联、串联和混联。

73. 火电厂中燃煤计算时采用低位发热量，其原因是因锅炉排烟温度大于 100℃，烟气中水蒸气的汽化热无法利用。

74. 犁煤器形式固定式和移动式两种。按照犁刀形式，可分为单侧和双侧。

75. 犁煤器由犁头、副犁、刮板支架及驱动机构组成。

76. 环式碎煤机主要破碎过程可分为冲击、劈剪、折断、挤压、滚碾五个过程。

77. 机械零部件运转中，正常的磨损过程是跑合阶段、稳定磨损阶段和剧烈磨损阶段。

78. 露天输煤机械的液压油，在冬季应使用冬季油为好。

79. 一般减速器的工作环境温度可适用于 −40 ～ +45℃。

80. 燃煤热量的法定计量单位是焦，用符号表示为 J。焦耳和卡的换算为 1 卡 = 4.18 焦耳。

81. 在液压系统中，油泵将机械能转化为流动液体的压力能。

82. 制动器的瓦片磨损不应超过其厚度的 1/2，否则应立即更换。

83. 燃煤储存中，煤堆温度达到 60℃时温度急剧上升，不及时处理有可能引发自燃。影响煤自燃的因素有煤的性质、组堆工艺、气候条件。

84. 液力耦合器是一种新型、优良的联轴器，一般规定其充液量不大于 80%，不小于 40%。其上部安装有易熔塞，在工作液超温约 12℃时能够及时将耦合器内部液体释放，从而保护电机。

85. 皮带秤的校验方式有挂码校验、实物校验、链码校验。皮带秤计量误差应不小于 ±0.5%。

86. 输煤系统常用的除尘器类型有干法除尘、湿法除尘、组合除尘，其中袋式除尘器属于干法除尘。

87. 胶带机上部安装的一些保护装置有双向跑偏、双向拉绳、速度监测、防堵装置。其中双向拉绳保护用于在紧急情况下胶带机的停机，速度监测保护在胶带机发生严重打滑时胶带机跳闸，防堵装置保护用于在落煤管发生堵煤时及时报警。

88. 链码装置的用途是用来进行皮带秤的校验，系统设置了共 3 套链码，链码的收放通过设备上的液压推杆来进行，并通过限位装置确保收放量。

89. 程控值班员运行中主要监护的内容有上位机各设备运行状态、运行设备电机电流、煤仓煤位趋势、工业电视等。

90. 输煤系统落煤管的倾斜角不得小于 55°。

91. 煤的发热量主要取决于含碳量。

92. 单位气体中所含粉尘的质量称为粉尘浓度。

93. 输煤系统的粉尘是具有爆炸危险的粉尘，与粉尘爆炸危险性有关的因素是粉尘的浓度。

94. 皮带各类清扫器完好，接触良好，与皮带间隙 2mm 内。

第二章

选择题

1. 自动调心托辊有（ C ）类。

   A. 四　　　　　B. 三　　　　　C. 二　　　　　D. 一

2. 托辊按其用途可分为槽形托辊、平行托辊和（ A ）。

   A. 缓冲托辊　　B. 大托辊　　　C. 中托辊　　　D. 下挂辊

3. 清扫器皮带条应露出其金属夹板（ C ）mm。

   A. 10~14　　　B. 5~10　　　　C. 15~20　　　D. 10~20

4. 带式输送机布置倾斜角超过 4° 时，一般都要设置（ A ）装置。

   A. 制动　　　　B. 清扫　　　　C. 调偏　　　　D. 除尘

5. 滚筒表面型式有光面、包胶和铸胶型滚筒，在功率不大、环境温度不低的情况下，一般采用（ C ）滚筒。

   A. 包胶　　　　B. 铸胶　　　　C. 光面　　　　D. 均可

6. 机件的磨损是由于机件摩擦面的（ B ）引起的。

   A. 相对运动　　　　　　　B. 直接接触

   C. 制造质量不高　　　　　D. 润滑油质差

7. 托辊在输煤皮带机中起（ C ）作用。

   A. 拉紧　　　　　　　　　B. 输煤

   C. 支撑胶带　　　　　　　D. 稳定运行

8. 平行托辊一般为一长托辊，主要用于下托辊，起（ A ）作用。

   A. 支撑空载段皮带　　　　B. 拉紧

   C. 连接架　　　　　　　　D. 增强机械强度

9. 缓冲托辊的作用是在受料处减少物料对（ B ）的冲击。

   A. 架构　　　　B. 胶带　　　　C. 滚筒　　　　D. 导料槽

10. 皮带制动器主要有逆止器、滚柱逆止器、电力液压制动器和（ B ）。

 A. 风制动器　　B. 电磁制动器　C. 手动制动器　D. 感应制动器

11. 运送粒煤的带式输送机，输送倾角不能大于（ B ）。

 A. 22°　　　　　B. 18°　　　　　C. 4°

12. 碎煤机电机和机体不应有强烈振动，振动值不大于（ A ）μm。

 A. 18　　　　　B. 20　　　　　C. 15

13. 输煤系统落煤管的倾斜角不得小于（ C ）度。

 A. 40　　　　　B. 50　　　　　C. 55

14. 环式碎煤机进料粒度不超过（ A ）mm。

 A. 400　　　　B. 330　　　　C. 300　　　　D. 350。

15. 环式碎煤机的出料粒度不大于（ A ）mm。

 A. 30　　　　　B. 50　　　　　C. 80　　　　　D. 100

16. 带式除铁器的冷却方式是（ C ）。

 A. 水冷　　　　B. 气冷　　　　C. 风冷

17. 装有制动器的带式输送机，其倾角起码应大于（ B ）。

 A. 18°　　　　　B. 4°　　　　　C. 0°

18. 检修后的减速机（ B ）。

 A. 即可投入使用　　　　　　B. 必须先空载试运

 C. 先带负荷试运

19. 煤在空气中存放一年，其热量会降低（ A ）%，这是因为氧化作用。

 A. 10　　　　　B. 20　　　　　C. 25

20. 带式输送机启动时，电机不转，并发出嗡嗡声，其主要原因是（ B ）。

A. 皮带过负荷　　B. 电机有故障　C. 操作按钮不好

21. 当 1 kg 燃料完全燃烧时，燃烧的 H_2O 保持（ B ）时的发热量称为高位发热量。

 A. 蒸汽状态　　　　　　　　B. 液体状态

22. 当带式输送机中安装（A）皮带秤时，其带速不宜超过 2.5m/s。

　　A. 电子　　　　　B. 机械　　　　　C. 核子

23. 鼠笼式电动机的降压启动适用于（C）情况下。

　　A. 重载　　　　　B. 中载　　　　　C. 空载或轻载

24. 火电厂的燃煤品种较多，热量也不等，但节煤计算是以标准煤发热量为准，标准煤的发热量应为（C）焦。

　　A. 20 934　　　　B. 25 120.8　　　C. 29 307.6　　　D. 12 560.4

25. 煤中所含元素量最多的是（A）。

　　A. 碳　　　　　　B. 氢　　　　　　C. 氧

26. 缓冲托辊可分为橡胶圈式和（B）两种。

　　A. 塑料圈式　　　B. 弹簧板式　　　C. 铰链式　　　　D. 悬吊式

27. 带式输送机的基本布置型式有（A）种。

　　A. 五　　　　　　B. 四　　　　　　C. 三　　　　　　D. 二

28. 带式输送机在通常情况下，倾斜向上运输的倾角不超过（D）。

　　A. 35°　　　　　B. 28°　　　　　C. 20°　　　　　D. 18°

29. 无烟煤的特点是挥发分低，含碳量（B）。

　　A. 低　　　　　　B. 高　　　　　　C. 中

30. 缓冲托辊的作用是在受料处减少物料对（B）的冲击。

　　A. 架构　　　　　B. 胶带　　　　　C. 滚筒　　　　　D. 导料槽

31. 皮带机运行时跑偏程度（B）。

　　A. 不超过架构　　　　　　　　B. 不超过托辊和滚筒边缘

　　C. 不超过滚筒轴承座端面　　　D. 不超过主传动滚筒边缘

32. 带式输送机运行中检查的方法可概括为（D）四个字。

　　A. 仔细认真　　　　　　　　　B. 落实责任

　　C. 预防为主　　　　　　　　　D. 看、听、嗅、摸

33. 联轴器不但能（A），还能补偿机件安装误差，缓和冲击吸收振动。

　　A. 传递扭矩　　　B. 减小摩擦　　　C. 传递热量　　　D. 提高效率

34. 托辊的辊体由（ B ）制成。

    A. 不锈钢管　　B. 无缝钢管　　C. 铝合金管　　D. 铸铁管

35. 落煤管严重堵塞会使该段皮带机电机的电流（ A ）。

    A. 上升　　　　B. 下降　　　　C. 不变　　　　D. 不确定

36. 胶带只在滚筒处跑偏，应该调整（ C ）。

    A. 驱动装置　　B. 拉紧装置　　C. 滚筒　　　　D. 托辊

37. 输煤胶带上有大量的水会导致胶带（ C ）。

    A. 煤自流　　　B. 跑偏　　　　C. 打滑　　　　D. 出力降低

38. 在正常情况下，鼠笼式电动机允许在冷状态下启动两三次，每
    次间隔时间不得小于（ C ）。

    A. 10min　　　B. 15min　　　C. 5min　　　　D. 20min

39. 带式输送机的电动机温度升高、振动、嗡嗡响产生的原因为负
    荷过大或轴承故障，处理方法为（ C ）。

    A. 增加电动机功率，更换轴承　　B. 减轻负荷，更换润滑油

    C. 减轻负荷，检修轴承　　　　　D. 减轻负荷，提高电动机功率

40. 带式输送机主要参数的计算包括：生产率、带宽、带速、最大
    张力和（ C ）。

    A. 托辊、滚筒阻力　　　　　　　B. 清扫器、导料槽阻力

    C. 功率及拉紧重锤的质量等　　　D. 落煤管倾角、皮带垂度

41. 皮带跑偏是因为皮带受到了一个指向跑偏侧的（ B ）的作用。

    A. 弹力　　　　B. 摩擦力　　　C. 压力　　　　D. 拉力

42. 设有制动器的燃料运输设备，当制动器失灵时（ A ）。

    A. 禁止使用　　　　　　　　　　B. 小心使用

    C. 减少负荷使用　　　　　　　　D. 可继续使用

43. 输煤皮带运行中应注意监视、调整、使得皮带跑偏位移不超过
    （ B ）mm。

    A. 50　　　　　B. 100　　　　C. 200　　　　D. 150

44. 带式输送机架构检修后，应校核其上下托辊间水平度允差小于
    或等于（ B ）mm。

    A. 1.5　　　　　B. 1.0　　　　C. 0.8　　　　D. 0.5

45. 制动带与制动轮毂的间隙一般不小于（ C ）mm。

    A 0.1　　　　　B. 0.15　　　　　C. 0.25~0.65　　D. 0.65

46. 皮带预启当中响铃持续时间不应少于（ D ）s。

    A. 5　　　　　　B. 10　　　　　　C. 20　　　　　　D. 30

47. 输煤皮带机的输送量取决于（ C ）。

    A. 皮带给煤机出力　　　　　　　B. 煤场设备出力

    C. 输煤皮带机设计出力　　　　　D. 设备运行的稳定性

48. 皮带跑偏开关一般设置（ B ）级警示或保护信号。

    A. 一　　　　　　B. 二　　　　　　C. 三　　　　　　D. 四

49. 电子皮带秤应安装在离落料点（ A ）m 以外的区段上，保证其
    测量精确度。

    A. 5　　　　　　B. 10　　　　　　C. 14　　　　　　D. 15~20

50. 以下不会导致输煤胶带打滑的原因是（ D ）。

    A. 拉紧重锤配轻　　　　　　　　B. 带负荷启动

    C. 非工作面有水　　　　　　　　D. 滚筒黏煤

51. TD75 型皮带机型号中的"TD"意为（ A ）。

    A. 通用带式　　　　　　　　　　B. 统一型皮带机

    C. 皮带机

52. 带式输送机采用双滚筒驱动装置的主要优点是（ C ）。

    A. 增大胶带的张力　　　　　　　B. 增加驱动力矩

    C. 降低胶带的张力

53. 某输煤皮带在改向滚筒处跑偏，调整方法是（ B ）。

    A. 胶带偏离哪边就调哪边　　　　B. 胶带往哪边跑偏就调紧哪边

    C. 调整拉紧装置　　　　　　　　D. 调整附近调偏托辊

54. 碎煤机除铁室应（ B ）进行清理。

    A. 每周　　　　　B. 每班　　　　　C. 每天

55. 带式输送机胶带更换后，试车运行跑偏的主要原因是（ C ）。

    A. 上托辊不正　　　　　　　　　B. 滚筒中心不正

    C. 胶带接头不正

56. 跑偏开关安装在带式输送机的头尾两侧，距离头轮或尾轮

（ A ）处。

　A. 1~2m　　　B. 2~3m　　　C. 3~4m

57. 对人体危害最大的粉尘粒度是（ A ）μm。

　A. 0.5~5　　　B. 5~10　　　C. 0.1~0.5

58. 电厂输煤系统中的粉尘浓度不得超过（ B ）mg/m³。

　A. 8　　　　B. 10　　　　C. 12

59. 皮带拉紧装置的配重误差不得超过（ C ）kg。

　A. ±5　　　B. ±8　　　C. ±10

60. 引起皮带跑偏的最主要原因是（ A ）。

　A. 往皮带上落煤不正　　　　B. 胶带制造质量好，但张力不足

　C. 胶带接口与中心线不垂直

61. 下列燃料中（ A ）最不容易着火。

　A. 纯炭　　　B. 贫煤　　　C. 褐煤

62. 胶带打滑检测装置的作用是，当胶带的运行速度降低至设计速度的（ B ）时，发出信号并切断电路。

　A. 40%~50%　　B. 60%~70%　　C. 65%~70%

63. 带式输送机工作胶带非正常磨损的原因可能是（ A ）。

　A. 导煤槽胶板与胶带之间有杂物　　　　B. 皮带机过载

　C. 导煤槽胶板过硬　　　　D. 滚筒夹煤

64. 煤的（ B ）大小是衡量煤质好坏的重要标志。

　A. 水分　　　B. 灰分　　　C. 挥发分

65. 煤的发热量主要取决于（ B ）。

　A. 挥发分　　　B. 含碳量　　　C. 水分

66. 块煤与空气接触面小，而且容易通风散热，自燃的可能性（ C ）。

　A. 较大　　　B. 适中　　　C. 较小

67. 速度信号的发出是通过（ A ）装置。

　A. 速度传感器　B. 打滑　　　C. 电机运行

68. 胶带的主要技术参数有（ C ）。

　A. 宽度和帆布层数　　　　B. 厚度和帆布层数

　C. 宽度、帆布层数、工作面和非工作面覆盖胶厚度

69. 人字形滚筒安装时，人字形尖端应与胶带运行方向（ A ）。

    A. 相同   B. 相反   C. 无关

70. （ C ）容易造成皮带打滑。

    A. 头尾滚筒中心线不直   B. 落煤点不正

    C. 皮带机过载

71. 带式输送机胶带跑偏的原因之一是落煤点不正，处理方法为
    （ A ）。

    A. 调整落煤点   B. 调整导料槽   C. 调整落煤管

72. 皮带机运行中值班员发现电动机或电缆冒烟应（ A ）。

    A. 立即停机   B. 继续观察   C. 汇报班长

73. 运行中煤的挥发分和硫分增大时应注意做好（ A ）。

    A. 防爆与煤的自燃措施   B. 防自流

    C. 防事故停机

74. 翻车机卸车线按铁路布置形式可分为（ A ）。

    A. 通过式和折返式   B. 侧倾式和转子式

    C. 通过式和转子式

75. 翻车机按翻卸形式可分为（ B ）。

    A. 通过式和折返式   B. 侧倾式和转子式

    C. 通过式和转子式

76. 在碎煤机前应安装（ C ）。

    A. 犁煤器   B. 电子皮带秤   C. 除铁器

77. 碎煤机在运行中，当听到或发现大块石头、铁件进入碎煤机
    时，应立即（ C ）。

    A. 汇报班长   B. 上报值班调度

    C. 停机进行处理

78. 碎煤机强烈振动，电流突然上升并有严重异常响声的原因是
    （ C ）。

    A. 机腔堵煤   B. 碎煤机轴承损坏

    C. 大块石头或铁进入碎煤机

79. 碎煤机电流摆动的原因（ A ）。

    A. 给料不均匀   B. 负荷大   C. 轴承缺油

80. 碎煤机启动后，机械部分转动吃力或不转，电流最大不返回，产生的原因是（ C ）。
    A. 轴承润滑不足　　　　　　B. 电动机老化
    C. 机内有杂物、煤堵塞碎煤机

81. 原煤仓配煤方式有（ C ）。
    A. 程配　　　　B. 手配　　　　C. 程配结合手配

82. 在自动配煤时（ A ）信号必须准确可靠。
    A. 犁煤器位置　　B. 带速　　C. 挡板

83. 对于可逆的带式输送机最好采用（ B ）形沟槽的驱动滚筒。
    A. 人字　　　　B. 菱形　　　　C. 光面

84. 正常运行中，除铁器发生故障，（ B ）皮带。
    A. 联跳　　　　B. 不联跳　　　　C. 可能联跳

85. 斗轮机与推煤机的安全作业距离为（ C ）。
    A. 1m　　　　B. 2m　　　　C. 3m

86. 斗轮机的堆料工艺分为（ B ）。
    A. 回转堆料法、长堆铺筑法
    B. 定点堆料法、回转堆料法、长堆铺筑法
    C. 定点堆料法、回转堆料法

87. 斗轮机的取料过程中（ A ）快速行走大车。
    A. 禁止　　　　B. 允许　　　　C. 可以

88. 迁车台移向重车线的条件是（ B ）。
    A. 有重车进入　　B. 空车出台　　C. 空车过坑

89. 迁车台移向空车线的条件是（ A ）。
    A. 空车入台　　B. 翻车机返回　　C. 空车出台

90. 翻车机及附属设备在安装或大修完毕后要进行试转，其原则是（ B ）。
    A. 先机械后电控　　　　　　B. 先电控后机械
    C. 只机械不用电控

91. 滚轴筛大修开工前将滚轴筛旁路挡板切换至（ A ）位，为（ A ）应急上煤做好准备。
    A. 旁路、旁路　　　　　　B. 滚轴筛、滚轴筛

C.旁路、滚轴筛

92. 每列车在翻卸剩余（B）节车皮时应及时将翻卸情况通知物资部，以备做好列车排空准备。

    A. 20　　　　　B. 5　　　　　C. 1

93. 翻车机运行过程中，摘钩人员应注意重车列是否有脱钩或溜车现象，溜车时应将（A）投入运行（禁止采用异物掩住车轮的方式控制溜车）。

    A. 夹轮器　　　B. 逆止器　　　C. 止挡器

94. 遇有大雾等恶劣天气，翻车机系统应改为（B）操作，防止光电开关受天气影响误动，干扰翻车机控制系统，造成事故。

    A. 自动　　　　B. 联锁手动　　C. 就地

95. 翻车机翻卸完毕应将空车列推至（B）。

    A. 原位　　　　B. 极限位　　　C. 终点

96. 翻车机系统停止作业时，严禁液压系统油泵长时间（A）。

    A. 运行　　　　B. 停止　　　　C. 备用

97. 排空前检查空车列是否已挂好钩，迁车台应对准空车线，排空后应及时将迁车台返回（A）。

    A. 重车线　　　B. 空车线　　　C. 原位

98. 翻车机系统运行过程中各设备动作应严格按翻车机工艺流程进行，凡出现异常现象均应立即按下（B）按钮。

    A. 复位　　　　B. 急停　　　　C. 停止

99. 清理翻车机煤箅子时必须将相应的（A）动力电源停电，并挂"禁止合闸、有人工作"警告牌。

    A. 翻车机　　　B. 给煤机　　　C. 板式输送机

100. 清理翻车机煤箅子过程中遇大煤块、石头时，应站立在煤块的（B）进行清理。

    A. 侧面　　　　B. 非滚动面　　C. 正面

101. 在设备倒换间隔时间内，若某设备进行过倒换，则该设备顺延至（C）进行倒换。

    A. 1 号　　　　B. 下周　　　　C. 下一倒换日

102. 应急灯试验时，应拉下各转运站照明开关箱内应急灯电源，对应急灯电源进行放电，时间为（ B ）min，并检查应急灯是否正常工作。

    A. 30　　　　　B. 90　　　　　C. 120

103. 原煤仓手动配煤时应遵循（ A ）的配煤顺序。

    A. 低煤位优先配煤、高煤位顺序配煤

    B. 低煤位优先配煤

    C. 从后向前

104. 原煤仓上煤时同一条皮带上不允许有（ B ）个及以上的犁处于落位。

    A. 2　　　　　B. 3　　　　　C. 4

105. 对于上下多级需要清理的落煤筒，应遵循（ B ）的清理顺序。

    A. 从下到上　B. 从上到下　C. 从中间开始

106. 煤仓煤位信号在输煤系统的程序配煤中决定着犁煤器（ A ）。

    A. 自动抬落　B. 抬起　　　C. 落下

107. 输煤皮带纵向损坏达到10m或纵向损坏达到宽度的（ C ）时认定异常。

    A. 二分之一　B. 三分之一　C. 五分之一

108. 设备发生故障跳闸时，将故障排除后，可以按（ A ）重新启动该流程。

    A. 清零预启　B. 清零　　　C. 预启

109. 当设备启动电流超过启动时间时，可立即（ A ）。

    A. 按急停按钮B. 连锁停机　C. 解锁停机

110. 在紧急情况下，任何人都（ A ）"拉线开关"停止皮带机的运行。

    A. 可拉　　　　B. 不可拉　　　C. 不准拉

第三章

问答题

1. 设备在运行状态时，遇有哪些情况应立即停机？

答：（1）皮带撕裂或严重跑偏。

（2）皮带严重打滑或有杂物卡住皮带。

（3）电动机、减速机发生异常声响、温度过高或振动过大。

（4）电动机缺相运行。

（5）发现皮带上有较大铁件、雷管或其他危及皮带运行的物品时。

（6）落煤管严重堵塞而不能成功消除时。

（7）联轴器损坏严重。

（8）发生火灾及人身事故时。

（9）危及人身及设备安全时。

2. 胶带跑偏的原因有哪些？

答：（1）安装中心不直。

（2）胶带接头不直。

（3）滚筒中心线同皮带机中心线不成直角。

（4）托辊轴线同胶带中心线不垂直。

（5）滚筒轴线不在水平线上。

（6）滚筒由于积煤而滚筒面变形，也会使胶带向一侧偏离。

（7）落煤偏斜也会引起胶带跑偏。

（8）胶带的制造质量不良。

3. 落煤管堵塞的原因有哪些？

答：（1）煤的黏度大。

（2）落煤管内有大块异物卡住或积煤太多。

（3）前方胶带打滑或胶带速度过慢。

（4）皮带机过负荷运行，前方胶带导煤槽挡煤皮子过窄，流量降低。

（5）下级皮带机事故停机，上级皮带机没有连锁停止。

（6）挡板位置不对应或不到位。

4. 影响煤氧化与自燃的因素有很多，主要有几个方面？

答：（1）空气中氧的作用、煤的碳化程度、水分、黄铁矿的氧化作用。

（2）煤的堆放的时间、气候影响、温度的影响、煤的粒度。

5. 煤的水分变化对输煤系统的影响有哪些？

答：（1）煤的水分也是无用成分，水分越高，煤中有机物质就越少，在煤的使用过程中，由于水分增加将带走大量的潜热（汽化潜热），从而降低了煤的热能利用率，增大了燃煤的消耗量。

（2）煤中水分大，易引起设备粘煤、堵煤，严重时会中止上煤，影响生产。

（3）煤中水分大，在严寒的冬季会使来煤和存煤冻结，影响卸煤和上煤。

（4）煤中水分很少，在来煤卸车和上煤时，煤尘很大，造成环境污染，影响环境卫生，影响职工的身体健康。

6. 煤堆自燃（化学损耗）的防止措施有哪些？

答：（1）分层压实。

（2）建立定期检温制度。

（3）及时消除自燃源。

（4）烧旧存新。

7. 简述型煤器升降不灵活的原因及处理方法。

答：（1）电液推杆失电。

（2）推杆机械部分卡涩。

（3）连杆机构卡涩。

（4）金属构架变形。

处理：查明原因，汇报班长，联系检修人员处理。

8. 煤按结焦性如何分类？

答：（1）不结焦煤：焦炭呈粉末状，胶原层厚度等于零。

（2）弱结结焦煤：焦炭呈松散状，胶原层在 10mm 以下。

（3）强结焦煤：焦炭坚硬而呈块状，胶原层厚度大于 10mm。

9. 犁煤器撒煤严重时应怎样处理？

答：（1）更换犁口或清除杂物。

（2）矫正犁口。

（3）调整限位，矫正犁头。

（4）减小倒角。

（5）更换皮带。

（6）调偏。

10. 在输煤皮带运行中有哪些禁止事项？

答：（1）禁止在皮带上或其他有关设备上站立、越过、爬过及传递各种用具。

（2）禁止在皮带上直接用手撒松香或涂油膏。

（3）禁止在螺旋输粉机、刮板给煤机盖板上作业、行走或站立。

（4）禁止人工清理皮带滚筒上的粘煤或对设备进行其他清理工作。

（5）禁止清扫、擦拭和润滑机器的旋转和移动的部分以及把手伸入栅栏内。

（6）禁止在轴承上行走和坐立。

11. 皮带机需要单机就地试运转时，值班员应做哪些工作？

答：（1）应按规程进行设备启动前的检查。

（2）通知程控值班员解除"联锁"并注意监护电流值。

（3）就地控制箱运行方式开关在"就地"位置。

（4）经检查具备启动条件，按"预起"按钮响警铃，然后按"起动"按钮启动皮带。

12. 皮带机有哪些保护装置？

答：防撕裂、打滑、跑偏、防火灾、料流传感器、事故拉线开关等。

13. 皮带启动不起来的原因有哪些？

答：（1）电机失电或操作电源失电。

（2）各保护装置动作后没复位。

（3）负荷过大。

（4）张力过小，皮带打滑。

14. 传动滚筒衬胶有什么优点？

答：胶面滚筒具有摩擦系数大、不易粘煤的优点，特别适合在功率较大、工作条件较差的场合使用。

15. 电子皮带秤主要由哪几部分组成？

答：电子皮带秤由秤框、测重传感器、测速传感器和测量显示仪表四部分组成。

16. 带式输送机由哪几部分组成？

答：主要由机架、输送带、托辊、驱动装置、拉紧装置，改向滚筒、制动装置、清扫器等组成。

17. 发生皮带重跑偏动作停机后，应如何处理？

答：解除跑偏保护，将皮带上的煤运出后停止皮带运行。

18. 皮带空转时不跑偏，上煤时跑偏，原因是什么？

答：皮带过松；落煤点不正；导料槽偏斜；滚筒粘煤。

19. 除铁器作用区内安装的托辊是什么托辊？为什么？

答：防磁滚筒和防磁托辊。如果使用非防磁托辊，托辊被磁化，被除铁器吸起，影响安全运行；托辊被磁化后会增大除铁器的除铁阻力。

20. 制动器与逆制器的作用相同吗？什么皮带上安装制动器？什么皮带安装逆制器？

答：（1）不相同。

（2）制动器一般用于惯性制动，安装在电机和液力耦合器之间，安装在水平布置的皮带机上（头尾双驱动皮带机也可安装）。逆止器的作用是防止皮带机停机后反转，一般安装在倾斜布置的皮带机上。

21. 皮带机的头部采用什么托辊？为什么？

答：过渡托辊。采用过渡托辊是为了将皮带逐渐由槽形变为平段皮带，降低皮带弯曲疲劳、增大皮带与滚筒的包角，保证有足够摩擦力。

22. 空段清扫器的作用是什么？一般安装在什么部位？

答：用于清除非工作面上黏附的物料，防止物料进入尾部滚筒或垂直拉紧装置的拉紧滚筒里。一般焊在尾部滚筒与垂直拉紧装置的拉紧滚筒前方的中间架上，并调节好吊链的长度。

23. 皮带机重锤过轻或过重会有什么危？

答：（1）皮带重锤过轻，皮带跑偏、打滑，皮带启动不起来。

（2）皮带重锤过重，会使皮带张力过大，容易导致皮带拉断，增加电机负载。

24. 变换两工位伸缩头操作前后应先做什么工作方可进行？

答：应将锚定装置松开，工位变换完成后将其锁定。

25. 带式输送机托辊脱落的原因是什么？

答：支架损坏；轴承损坏；受大煤块及杂物冲击。

26. 输送机为什么要装清扫器？

答：在运行中由于煤的水分和黏性，胶带工作面经常粘煤和非工作掉煤，如果不及时清除，积煤粘在滚筒上被胶带压实而"起包"，会导致胶皮帆布与橡胶剥离而损坏，缩短了胶带的运行寿命，同时会因改向滚筒粘煤造成皮带跑偏。

27. 带上有划痕是由哪些原因造成的？

答：（1）工作段清扫器调整不当。

（2）坚硬物体卡住皮带。

（3）导料槽变形，与皮带之间的间隙太小。

（4）除铁器吸起的铁件未及时排除。

（5）犁煤器刀口不圆顺。

（6）采样装置的采样铲与皮带之间间隙过小。

28. 轴承发热的原因有哪些？

答：（1）润滑脂过多或过少。

（2）油脂不良及有杂物。

（3）轴承质量不良或有缺陷。

（4）轴承损坏。

（5）负载过重或轴向推力过大。

（6）冷却不好或环境温度高使轴承过热。

29. 粉尘对输煤设备的影响有哪些？

答：（1）粉尘吸附在设备外壳，阻止设备散热，减少设备使用寿命。

（2）粉尘粘在电气接线上，造成电气故障。

（3）粉尘吸附在转动部分，影响轴承润滑。

30. 火力发电厂输煤系统由哪些主要设备组成？

答：火电厂输煤系统主要由卸煤设备、给煤设备、上煤设备、配煤设备、煤场设备、辅助设备等组成。

31. 常用的输煤胶带有哪几种？胶带的技术参数有哪些？

答：常有的输煤胶带有四种，即棉帆布芯胶带、尼龙帆布芯胶带、维尼纶帆布芯胶带、钢丝绳芯胶带。

胶带的技术参数有宽度、层数、上下覆盖胶厚度。

32. 带式输送机胶带清扫装置的作用是什么？常用的清扫装置有哪几种？

答：其作用是保持输送机胶带表面清洁无煤屑，防止滚筒粘煤和胶带运行中跑偏。常用的清扫装置有刮板式、橡胶圈托辊式和水力式三种。

33. 托辊的作用是什么？其可以分为哪几种？

答：托辊的作用是支撑胶带，减小胶带的运行阻力，使胶带的垂度不超过规定限度，保证胶带平稳运行。

托辊按其作用可分为上托辊（槽形托辊）、下托辊（平托辊）、缓冲托辊、调心托辊、胶带过渡托辊。

34. 怎样才能使重锤拉紧装置处于良好的拉紧状态？

答：（1）及时清理重锤拉紧装置上的积煤。

（2）定期给导向滑轮加油润滑。

（3）定期给拉紧钢丝绳涂黄油。

（4）随时消除拉紧装置的不正常工作状态。

（5）重锤质量适当，重锤周围杂物要及时清理，确保重锤悬空。

（6）胶带过长将要造成重锤触及地面时要将胶带截断，去掉适当长度后重新粘接。

（7）重锤滑道要经常加油润滑，清理杂物。

35. 带式输送机运行中胶带打滑的原因有哪些？如何处理？

答：原因：

（1）胶带张力不足。

（2）胶带过载。

（3）胶带非工作面有油、水或冰。

（4）滚筒包胶磨损或损坏。

（5）皮带被铁、木材或煤块等物卡死。

处理：

（1）检修调整拉紧装置。

（2）减少负荷。

（3）停机后向传动滚筒撒松香或清除油、冰或水。

（4）检修滚筒外包胶层。

（5）清除卡物。

36. 输煤胶带出现局部损坏的原因有哪些？

答：（1）煤中有大煤块、大石块、废铁器、废木材等物在胶带落煤点直接砸在胶带上。

（2）物体落在回程胶带上并卷入滚筒和胶带之间。

（3）滚筒上局部粘煤过多，未及时清理。

37. 如何防止输煤胶带出现局部损坏？

答：（1）在上煤点装煤箅子，输送前段装木屑分离器、除铁器、碎煤机。

（2）在落煤点装设缓冲装置。

（3）在输煤胶带上装胶带清洗装置。

（4）在落煤管内装锁气器或装带箅子的落煤管，以减少大块煤对胶带的冲击。

（5）及时维修胶带，防止煤漏到回程胶带上。发现因胶带跑偏或其他原因有煤洒落到回程胶带上时，应及时清除。

38. 带式输送机运行跑偏，自动调心托辊不起作用时，怎样处理？

答：（1）通知检修人员，待胶带上煤拉空后进行观察，如整体跑偏，应从驱动滚筒开始调整，如局部跑偏，应调整跑偏处。

（2）如在托辊处跑偏，要把跑偏处托辊向胶带运行方向调整。

（3）如在滚筒处跑偏，应调紧胶带跑偏侧。

（4）如以上调整不起作用，应对机架进行调整。

（5）空载运行正常后进行重载运行调整，如调整无效时，应对落煤点进行调整。

39. 带式输送机由哪几部分组成？

答：带式输送机主要由驱动装置、制动装置、支撑部分、张紧装置、改向装置、清扫装置和胶带等部分组成。

40. 带式输送机运行中胶带跑偏的原因有哪些？怎样处理？

答：原因：

（1）各滚筒上、托辊上粘煤过多，托辊脱落和损坏，驱动滚筒上包胶部分损坏。

（2）胶带接口不正。

（3）落煤点不正，落煤槽偏斜。

（4）胶带中心不正，滚筒及支架偏斜。

（5）拉紧装置故障造成胶带拉偏。

处理：

（1）清理滚筒托辊的粘煤，修理托辊及滚筒包胶。

（2）检修胶带接口。

（3）校正导煤槽，使落煤点在胶带中心。

（4）校正滚筒及支架。

41. 皮带减速机振动大或温度高的原因有哪些？

答：基础螺栓松动、靠联轴器螺栓松动或不正。

42. 简述盘式除铁器的基本组成及工作原理。

答：盘式除铁器由励磁线圈、外壳、悬挂装置、行走装置、锁具、控制柜组成。

工作原理：电磁除铁器所建立的磁场为非均匀磁场，铁磁性物体进入非均匀磁场时，所处的位置不同、磁化的程度不同、磁场强度不同。磁化强度大的一端所受的力较大，反之就小。故物体在非均匀磁场所受的力不均等，其合力大于 0，这时物体向受力大的一方运动，这样就达到了铁磁性物体在磁场中作定向运动的结果。当一台除铁器工作一段时间后，另一台除铁器运行至工作位置上开始工作，本台除铁器运行至弃铁位置上进行弃铁。

43. 输煤皮带机的联锁有什么作用？

答：（1）为保证安全运行，输煤系统中的各台设备都按照一定的运行要求顺序启停，互相制约。输煤皮带机就是这样参与联锁运行的主要设备。

（2）一般设备启动时，按来煤流顺序的相反方向逐一启动，而停机时则按来煤流顺序的相同方向逐一停止。

（3）当系统中参与联锁运行的设备中，某一设备发生故障停机时，则该设备以前的各设备按照联锁顺序自动停运，以后的设备仍继续运转，从而避免或减轻了系统中积煤和事故扩大的可能性。

44. 造成犁煤器撒漏煤严重的原因是什么？怎样解决？

答：原因：

（1）犁口严重磨损或卡有杂物。

（2）犁口不直或与皮带表面接触不良。

（3）犁头下降不到位或歪斜。

（4）犁口尾部导角太大或无法收拢刮板。

（5）皮带表面损坏严重。

（6）水平托辊不平或间距过大。

（7）皮带向卸料侧跑偏。

处理方法：

（1）更换犁口或清除杂物。

（2）矫正犁口。

（3）调整限位，矫正犁头。

（4）减小导角或增装收拢刮板。

（5）更换皮带。

（6）调整或增加托辊。

（7）调偏。

45. 带式输送机拉紧装置的作用是什么？

答：拉紧装置的作用是保证胶带具有足够的张力，以使驱动滚筒与胶带间产生所需要的摩擦力。另外，限制胶带在各支撑托辊间的垂度，使带式输送机正常运行。

46. 输煤系统中事故拉线开关的作用是什么？

答：事故拉线开关是供现场值班员在发现设备故障及威胁人身安全时，随时停止设备运行的装置。

47. 斗轮机尾车按功能分为几种？

答：分为固定式、折返式、通过式三种。

48. 巡检员巡检减速机时，应检查哪些项目？如何检查？

答：（1）应检查地脚螺栓有无松动，运行前检查油位是否正常，运行中检查温度和温升是否在规定范围内。

（2）无异常振动和异常噪声，无渗漏油现象。

（3）以上项目应通过"看、听、摸、嗅"等方式检查。

49. 布袋式除尘器的基本组成是什么？

答：基本组成为进气室、排灰室、过滤室、净气室、风机及清灰等。

50. 哪些部位易发生皮带撕裂事故？

答：导料槽、落煤管、犁煤器、拉紧滚筒、尾部滚筒。

51. 事故开关的作用是什么？用拉绳开关作为事故开关有什么优点？

答：事故开关是供现场值班人员在发现故障时，随时停止设备运行的开关。采用拉线开关可使值班员在带式输送机全长的任何部位停止设备的运行，使运行更可靠。

52. 什么是煤的氧化？

答：煤从矿井下来出后，受空气中氧的作用，表面失去光泽并生成赤色或白色锈斑、水分增大、块煤粉碎成粉末，这种现象称为煤的氧化。

53. 带式输送机的安全保护装置有哪些?

答: 带式输送机上一般设有双向拉绳开关、两级跑偏开关、打滑数字显示装置、料流检测装置、溜槽堵塞保护、防闭塞及原煤仓的高低料位信号、断带保护、撕裂保护等保护装置。

54. 皮带驱动装置由哪些设备组成?

答: 由电动机、减速器、高速轴联轴器或液力偶合器、制动器、低速轴联轴器及逆止器组成。

55. 斗轮机由哪几部分组成?

答: 由斗轮机构、悬臂胶带机、行走机构、俯仰机构、回转机构、中部料斗、尾车、洒水除尘系统、润滑装置、液压系统、电气室、司机室等组成。

56. 环锤式碎煤机由哪几部分构成?

答: 由中间机体、转子部件、液压系统、前机盖、下机体、筛板架组件、调节机构、后机盖等部分组成。

57. 滚轴筛主要由哪几部分组成?

答: 由上筛箱、下筛箱、后筛箱、落煤管、筛轴及挡煤板六部分组成。

58. 影响煤氧化与自燃的因素有哪几个方面?

答: (1) 空气中氧的作用、煤的碳化程度、水分、黄铁矿的氧化作用。

(2) 煤的堆放的时间、气候、温度、煤的粒度。

59. 落煤管堵塞的原因有哪些?

答: (1) 煤的黏度大。

(2) 落煤管内有大块异物卡住或积煤太多。

(3) 前方胶带打滑或胶带速度过慢。

(4) 皮带机过负荷运行, 前方胶带导煤槽挡煤皮子过窄, 流量降低。

(5) 下级皮带机事故停机, 上级皮带机没有连锁停止。

(6) 挡板位置不对应或不到位。

60. 解释以下几个专业术语。

答: (1) 翻车机零位: 指翻车机车辆轨道与地面轨道对准的

零度位置。

（2）靠车板原位：指靠车板在靠返终点的位置，也称后极限。

（3）翻车机原位：指翻车机在零位，靠车板在原位，夹紧在原位时。

（4）翻车机区域：指翻车机入口位的接近开关和翻车机出口位的接近开关之间的区域。

（5）重调机原位：指重车调车机停止在走行原位处，抬臂到位，重、空钩销下位，重、空钩舌开的状态。

（6）迁车台原位：指重车线对准，对位销对位，夹轮器松开的状态。

（7）空调机原位：指空调机停在后限位置。

61. 迁车台主要由哪些部分组成？

答：车架、行走装置、传动装置、销齿系统、液压缓冲器、涨轮器、滚动止挡、插销装置、地面安全止挡器、电缆支架等部分组成。

62. 重调车的作用是什么？

答：完成牵调整列重车，并牵调单节已经人工解列的重车于翻车机上，以及推送已翻毕的单节空车至迁车台上。

63. 翻车机本体由哪几部分组成？

答：由转子、传动装置、夹车机构、靠板振动装置、托辊、电缆支架几部分组成。

64. 空调车主要由哪几部分组成？

答：由车架、行走轮装置、导向轮装置、固定式调车臂、传动装置及电缆支架等组成。

65. 空调车的作用是什么？

答：将迁车台迁送至空车线的单空车推出迁车台，并在空车线集结成列。

66. 发热量的变化对输煤系统的影响？

答：煤的发热量是评价动力用煤最重要的指标之一。如锅炉负荷不变，煤的发热量降低，则耗煤量增加，输煤系统的负担加重，入厂煤增加，卸车设备、煤场设备、碎筛设备都有可能因煤量增加而突破原设计能力。

67. 重车调车机主要由什么组成？

答：由车体、行走传动装置、行走车轮、导向轮、调车臂架、电缆支架、液压系统、缓冲器等组成。

68. 翻车机的原理是什么？

答：将在本体定位好的车皮满足翻卸条件后翻转到165°，将每节车皮上的煤卸到煤斗，由给煤机给料到皮带上，由地面皮带机将卸下的煤运送到煤场或原煤仓。

69. 斗轮机构主要由什么构成？

答：主要由驱动装置、圆弧挡料板、斗轮轴、溜料槽、导料槽、斗轮体、轴承座、斗子等组成。

70. 斗轮机行走机构由什么组成？

答：由驱动台车、平衡梁、从动台车、夹轨器、锚定、清轨器、缓冲器、防风系缆装置、大车行走信号装置及润滑系统等组成。

71. 空调车的工作过程是什么？

答：由迁车台迁送翻车机卸空的车皮对准空车线，空车调车机启动，将空车推送至空车线上，迁车台离去，空车调车机运行到推车极限位，然后电机反转，空车调车机返回起始位置，当迁车台继续送后面的空车时，空车调车机循环工作。

72. 输煤系统当发生哪些情况时应立即紧急停机？

答：（1）有异常情况，严重威胁人身及设备安全时。

（2）系统设备发生火灾时。

（3）现场照明全部中断时。

（4）设备剧烈振动，轴向严重窜动时。

（5）设备声音异常，温度急剧上升时。

（6）皮带严重跑偏、打滑、撕毁、断裂及严重磨损时。

（7）皮带上易燃、易爆物品及大物件来不及取出时。

（8）碎煤机、落煤管等严重堵塞不能排除时。

（9）保护装置失灵时。

（10）各种表计指示异常，电流波动超过额定电流的

±10%时。

（11）接到上级或集控室紧急停机的信号或命令时。

（12）犁煤器卡死不能抬起并将要冒仓时。

（13）挡板位置信号丢失无法恢复时，应停机查明原因。

（14）回程皮带上掉入托辊、石块等杂物有划伤皮带的危险时。

73. 电动三通挡板运行中的注意事项有哪些？

答：（1）落煤管内有积煤时，应先清理积煤再操作。

（2）动作时推杆工作应正常，电动机声音应正常。

（3）若限位开关损坏，操作后一定要按"停止"按钮。

（4）核实限位开关是否损坏，到位是否正常，并核对挡板实际位置。

74. 翻车机夹紧装置由什么组成？作用是什么？

答：夹紧装置由夹紧臂、液压缸等组成，其作用是由上向下夹紧车辆，在翻车机翻转过程中支撑车辆并避免冲击。

75. 翻车机不翻转的原因有哪些？

答：联锁条件不具备，如无靠车信号、无夹紧信号、油温过高或过低、光电管不导通、重车调车机大臂在翻车机内。

76. 什么是煤的风化？

答：煤的风化有两种情况。一是埋藏较浅的煤层，在开采之前，由于长期受到自然因素（包括空气、地下水、阳光、雨、雪和冰冻等）的作用，使这些煤的物理、化学性能和工艺特性发生显著变化，这种现象称为煤的风化。二是一些碳化程度低的煤采出后，存放在煤场中，在自然力的作用下，由于大量失水而使大块煤崩解为小块进而变成煤粉，同时使煤的物理、化学性能和工艺特性发生变化，这种现象叫煤的风化。

77. 什么是煤的自燃？

答：煤氧化时所放出的热量，若因不能及时扩散而积聚在煤堆内，使煤堆温度升高至煤的着火点时，就会发生自燃现象。

78. 煤在长期的储存过程中，煤质会发生哪些变化？

答：（1）发热量降低：贫煤、瘦煤发热量下降较小，而肥煤、气煤和长焰煤则下降较大。

（2）挥发分变化：挥发分也会发生变化，变质程度高的煤挥发分有所增大，变质程度低的煤挥发分有所减少。

（3）灰分增加：煤受氧化后有机质减少导致灰分相对增加，发热量相对降低。

（4）元素组成发生变化：长期储存的煤，其元素组成有所变化。碳和氢含量一般降低，氧含量迅速增高，而硫酸盐硫也有所增高，特别是含水量高、黄铁矿硫多的煤，因为煤中黄铁矿易受氧化而变成硫酸盐。

（5）抗破碎强度降低，黏结性下降：一般煤氧化后，其抗破碎强度均有所下降，且随着氧化程度的加深，最终变成粉末状，尤其是年轻的褐煤更为明显。

79. 翻车机靠板组件由哪些部分组成？作用是什么？

答：主要由靠板体、液压缸、耐磨板、撑杆等组成。其作用是侧向靠紧车辆，在翻车机翻转过程中支撑车辆并避免冲击。

80. 翻车机振动器由哪些部分组成？作用是什么？

答：振动器主要由振动电机、振动体、缓冲弹簧、橡胶缓冲器等组成。其作用是振落车厢内残余的物料。

81. 翻车机倾翻启动条件有哪些？

答：（1）靠车板终点到，压车梁终点到。

（2）倾翻离开返回减速区时，压车梁闭合检测正常。

（3）翻车机零位时，补偿缸处于补偿位置，并且翻车机进出口光电开关均导通（无车跨接翻车机）。

（4）未达倾翻终点或极限。

（5）重调机抬臂或落臂到位、重调机不在翻车机区域内（重钩销上位、重钩舌开）。

82. 靠车板返回启动条件有哪些？

答：翻车机零位；未至靠车板原位或运行未超时；车皮无跨接。

83. 重车调车机大臂升降启动条件有哪些？

答：（1）未至抬臂到位或未至落臂到位。

（2）重调机未在行走中。

（3）重调机未处于翻车机区域内，重钩舌开、轻钩舌开、重钩销上位、轻钩销上位。

（4）抬落未超时。

84. 煤的氧化对煤质有哪些影响？

答：（1）大煤的成分发生变化。深度氧化的煤，挥发分增高，二氧化碳的含量增加，发热量降低。试验表明，烟煤储存一年后，热值降低 1% ～ 5%，严重者可降低 10%；褐煤存放一年后，热值降低 20%。总之，煤的成煤年龄越低，氧化后热值降低就越多，由于年轻的煤氧化后可燃物碳和氢的含量降低，氧含量增多，挥发分中可燃成分降低等因素的影响，会造成煤的燃点增高，火焰变短。但成煤年代久远的煤轻度氧化后，其燃点有可能降低。

（2）煤的结焦性发生变化。煤氧化后其结焦性会很快降低，甚至消失。试验表明：炼焦煤冬季存放六个月后，其结焦性变化不大，但夏季存放一个月，结焦性就会明显降低。

85. 胶带跑偏的原因有哪些？

答：（1）安装中心不直。

（2）胶带接头不直。

（3）滚筒中心线同皮带机中心线不成直角。

（4）托辊轴线同胶带中心线不垂直。

（5）滚筒轴线不在水平线上。

（6）由于积煤导致滚筒面变形，也会使胶带向一侧偏离。

（7）落煤偏斜也会引起胶带跑偏。

（8）胶带的制造质量不良。

86. 翻车机转子主要哪些部分组成？作用是什么？

答：由两个 C 形端环、前梁、后梁和平台组成。其作用是承载待卸车辆，并与车辆一起翻转、卸料。

87. 翻车机托辊装置主要由哪些部分组成？作用是什么？

答：托辊装置主要由辊子、平衡梁、底座等组成。其作用是支撑翻车机翻转部分在其上旋转。

88. 采样系统误差产生的原因主要是什么?

答:(1)采样点分布不合理。

(2)采样工具开口宽度太小,大块煤不易采到。

(3)子样质量偏小。

(4)子样数目太少。

(5)采样周期性正好与煤质波动周期相吻合,且未曾发现。

89. 运行过程中皮带机电流突然增大的原因有哪些?

答:可能造成电流突然增大的原因包括:煤流量突然增大、堵煤、皮带持续严重跑偏、导料槽摩擦皮带、减速机轴承损坏、驱动或改向滚筒轴承损坏、电机轴承损坏、电机缺相运行、电机欠电压。

90. 滚轴筛旁路系统的作用是什么?

答:旁路系统的设置是考虑在滚轴筛严重故障需退出运行时,来煤不经过筛分和破碎直接进入下级皮带,保证上煤的正常运行。

91. 输煤系统有哪几种上煤途径?

答:由翻车机向原煤仓上煤;由1号斗轮机向原煤仓上煤;由2号斗轮机向原煤仓上煤。

92. 煤从进厂到储煤仓共有哪些主要设备?

答:主要有翻车机、双联移动皮带给煤机、斗轮机、滚轴筛、破碎机、除铁器、除尘器、皮带电子秤等设备。

93. 冲洗输煤栈桥地面时应注意什么?

答:不要把水冲到二层皮带上和电气设备上,不要堵塞下水地漏,不要冲到电子秤上。大量积煤时应先将大堆煤锄到皮带上再冲洗。

94. 翻车机紧急停机的条件是什么?

答:(1)发生威胁人身及设备安全。

(2)系统制动失灵。

(3)设备部件有异常声响或损坏。

(4)液压系统大量泄油压力消失。

(5)电机电流升高不回正常位,温度急剧升高冒烟着火。

(6)动力电缆起火冒烟。

（7）发生其他异常情况影响正常运行。

95. 犁煤器操作的注意事项是什么？

答：按按钮要用力适当；上煤结束后，犁煤器放在抬的位置；抬落犁煤器时要位置适中。

96. 皮带机运行中电流突然降至空载电流的原因及处理方法？

答：原因：（1）液力偶合器喷油。清理皮带上的煤减少负荷，检修液力偶合器，重新启动。

（2）尼龙柱销联轴器断开。清理皮带上的煤，减少负荷，检修联轴器，重新启动。

（3）皮带突然断裂。清理积煤，更换皮带。

处理方法：按急停按钮，迅速检查现场，分析原因。

97. 碎煤机振动过大的原因及处理方法？

答：原因：（1）环锤及环轴失去平衡。

（2）铁块进入碎煤机。

（3）环锤折断，轴承损坏。

（4）给料不均匀，造成环锤磨损不均匀，失去平衡。

（5）环锤之间异物卡住。

处理方法：

（1）按要求重新选装并找好平衡。

（2）停机，清除铁块。

（3）更换新环锤，新轴承。

（4）调整联轴器。

（5）停机排除异物。

98. 简述斗轮机的运行方式。

答：斗轮机的运行方式可分为堆料和取料作业。其中堆料运行方式包括断续行走堆料、连续旋转堆料和断续旋转+断续行走定点堆料；取料运行方式包括旋转分层取料和定点斜坡取料。

99. 何谓标准煤耗？

答：煤耗是火力发电厂主要的经济考核指标，但各厂及同一厂的不同锅炉之间，甚至同一锅炉的不同阶段内燃用的燃料的发热量及全水分也有所不同，即燃料的低位发热量不同，燃料中真正可利用的有效热值不同。为了采取统一的标准作为计算煤耗的依据，我们将收到基低位发热量为 29307.6kJ/kg 的煤定为标准煤，即每 29307.6kJ/kg 的热量折算成 1kg 标准煤。这样，就将各种低位发热量的煤耗统一到标准煤耗上来。

100. 翻车机系统限位与保护开关都有哪些类型？

答：接近开关（高频振荡型）、反射光电红外型、机械开关。

101. 整条皮带跑偏的原因是什么？

答：皮带质量不良，带心沿带宽方向受力不均；滚筒中心与皮带机中心不垂直，造成皮带向松侧跑偏（跑松不跑紧）；滚筒水平安装误差过大或包胶磨损不均匀，造成一头粗一头细，皮带向滚筒直径较大的一侧跑偏（跑大不跑小，跑高不跑低）；滚筒粘煤，使皮带向一侧跑偏；机架或皮带接头不正。

102. 皮带局部跑偏的原因是什么？

答：皮带质量不合格；托辊不转，滚筒变形或轴承损坏；托辊粘煤；头部、尾部或改向滚筒偏斜；皮带接头不正；落煤点不正；导料槽挡煤皮一侧松一侧紧或犁煤器、清扫器与皮带接触受力不均匀；皮带边部破坏、水分浸入，使带心发生缩曲。

103. 如何判断及调整输煤系统出力？

答：输煤系统各台设备的出力，可以凭经验，根据皮带电动机的电流表显示值，进行间接判断或直接由电子皮带秤的流量显示值进行准确判定，根据判定结果，集控值班员应合理调整系统出力，增加或减少斗轮机或给煤机的出力，使其在额定值下正常运行。

104. 输煤皮带机故障停机如何处理？

答：（1）确定故障皮带后按"确认"按钮。

（2）通知现场值班员检查或处理皮带机故障。

（3）若故障确已排除，应恢复运行。

（4）若属电气故障，则通知电气检修人员处理。

105. 程序配煤时的注意事项有哪些？

答：（1）密切监视犁煤器的抬落是否符合程序设定的要求，即顺序配煤，低煤位优先配煤。

（2）认真监视原煤仓的仓位，并与现场值班员保持密切的联系，了解配煤情况，当发现溢煤时，可按"急停"按钮。

（3）单路配煤结束前，可进行"倒皮带"操作对另一路配煤。

（4）配煤换仓的过程中，若启动落犁（或抬犁）信号发出后10s，主机还未接到到位信号，犁煤器发卡死信号，此时应立即点击"手配"，并手动落犁（抬犁）两三次，如故障排除，再将系统转换为"程配"方式，并点击"配清""重配"程序重新进行配煤。在现场故障未排除前，只能用手配方式进行配煤，并将故障犁抬到位，在手配过程中不再使用此犁。

106. 手动配煤时的注意事项有哪些？

答：（1）手动配煤时应随时与现场值班员保持联系，以防煤位计失灵，发生溢煤事故。

（2）配煤过程中应注意犁煤器的动作是否到位，并注意对出现低煤位的仓优先进行配煤。

（3）手动配煤时应注意不能使两个以上的犁煤器处于落位。

（4）手动配煤时应遵循从后向前依次配煤，低煤位优先配煤的顺序。

（5）配煤换仓的过程中，若启动落犁（或抬犁）信号发出后10s，主机还未接到到位信号，犁煤器发卡死信号，此时应立即通知现场值班员就地操作此犁抬起到位。

（6）换仓配煤时应联系就地值班员进行确认。

107. 带式输送机运行中自动停机的原因是什么？

答：过负荷、热偶动作；熔丝烧断；保护动作；误碰拉线开关；联锁跳闸。

108. 三工位头部伸缩装置工位不能变换的原因是什么？

答：电机失电；传动机构机械失效；齿条啮合不良；车体轨道杂物堵塞；车体轨道变形；拉紧装置的配重太大；锚定装置没有在放开位置上；接近开关失效。

第四章

计算题

1. 一台水平带式输送机，头尾滚筒中心距 L 为 100m，头、尾滚筒直径 D_1、D_2 为 1m，输送带接头有 1 处，接头直径 D_3 为 1m，输送带厚 δ 为 0.016m，求该机需输送带 L_0 多少米？

解：已知 L=100m，D_1=D_2=1m，接头数 n=1，D_3=1m，δ=0.016m。

故：
$$
\begin{aligned}
L_0 &= 2 \cdot L + \frac{\pi(D_1+\delta) + \pi(D_2+\delta)}{2} A \cdot n \\
&= 2 \times 100 + \frac{3.14 \times (1+0.016) + 3.14 \times (1+0.016)}{2} + 1 \times 1 \\
&= 200 + 3.190\,24 + 1 = 204.190\,24(\text{m})
\end{aligned}
$$

答：该机需输送带 204.19024m。

2. 一台输送机的电动机转速 n 为 980r/min，减速机的速比 i 为 25，传动滚筒直径 D 为 1250mm，求该机输送带的速度 v？

解：已知 n=980r/min，i=25，D=1.25m

因为 $v = \dfrac{\pi D n}{60 i}$

所以 $v = \dfrac{3.14 \times 1.25 \times 980}{60 \times 25} \approx 2.56 \ (\text{m/s})$

答：该机输送带的速度约为 2.56m/s。

3. 某台输送机输送带的速度 v 为 2.5m/s，减速机的速比 i 为 32.06，传动直径 D 为 1000mm，求该电动机的转速 n 是多少？

解：已知 v=2.5m/s，i=32.06，D=1m。

因为 $v = \dfrac{\pi D n}{60 i}$，所以 $v = \dfrac{60 i v}{\pi D}$，故

$$n = \frac{60 \times 32.06 \times 2.5}{3.14 \times 1} \approx 1531\,(\mathrm{r/min})$$

答：电动机的转速为 1531r/min。

4. 某电厂输煤系统某输送机，假定传动滚筒轴功率为 20kW，总传动效率为 90%，功率备用系数为 1.5，问应选用多大功率的电机较适合？

解：已知 P_0=20，η=90%，K=1.5。

由 $P_1 = K \dfrac{P_0}{\eta}$ 得

$$P_1 = 1.5 \times \frac{20}{0.9} \approx 33.3\,(\mathrm{kW})$$

答：选用 34kW 功率的电动机。

5. 某电厂储煤形状为正方角锥台，已知煤堆高度为 12m，煤的密度为 1t/m³，煤堆上边 40m、下边 60m，求此煤场的储煤量为多少吨？

解：

$$Q = \frac{a^2 + b^2 + ab}{3} h \cdot \rho = \frac{40^2 + 60^2 + 40 \times 60}{3} \times 12 \times 1 = 30\,400\,(\mathrm{t})$$

答：此煤场的储煤量为 30 400t。

6. 某电厂的储煤场有天然煤 10 000t，其发热量为 22 271kJ/kg，试求折算成标准煤为多少吨？

解：已知天然煤量 10 000t，发热量为 22 271kJ/kg。

因为 标准煤量 $= \dfrac{\text{天然煤量} \times \text{发热量}}{29\,307.6} = \dfrac{10\,000 \times 1000 \times 22\,271}{29\,307.6 \times 1000}$

$\approx 7599\,(\mathrm{t})$

答：折算成标准煤 7599t。

7. 有一个固定式输煤皮带机，其出力为 800t/h，储煤仓为筒

仓，筒仓直径 8m，高 15m，煤的密度为 1t/m³，共有 6 个此样煤仓，求上煤需多少时间？

解：

$$V = \pi R^2 \times h = 3.14 \times \left(\frac{8}{2}\right)^2 \times 15 = 753.6\left(\text{m}^3\right)$$

$$m = V \cdot \rho = 753.6 \times 1 = 753.6\left(\text{t}\right)$$

$$t = n \cdot \frac{m}{P} = 6 \times \frac{753.6}{800} = 5.652\left(\text{h}\right)$$

答：上煤需时间为 5.652h。

第五篇

化验部分

第一章

填空题

1. 分析化学主要分为两个部分，即定性分析和定量分析。

2. 浓硫酸是难挥发的强酸，有强烈的吸水性、脱水性和强的氧化性。

3. 氨是没有颜色，具有刺激性气味的气体，它极易溶于水，水溶液叫氨水。

4. 配制标准溶液用高纯水，特殊要求者按分析方法选用溶剂。

5. 在分析天平上称样品能精确至 0.000 1g。

6. 在试管、烧杯、广口瓶、细口瓶和滴定管五种仪器中，可存放药品的为广口瓶和细口瓶两种。

7. 一些强酸如浓硫酸、浓盐酸、浓硝酸，均需装在具有磨口玻璃塞的试剂瓶中，而且浓硝酸要用棕色瓶。

8. 倒取试剂时，应手握标签一侧，以免试剂滴流出来侵蚀瓶上标签。

9. 化学试剂按其纯度通常分为优级纯、分析纯、化学纯、实验试剂四级。

10. 已知准确浓度的溶液称为标准溶液，能用于直接配制或标定标准溶液的物质称为基准物质。

11. 溶液的 pH 值是指溶液中氢离子浓度的负对数。

12. 如果水中有了电解质，则它的电导率将增大，水中溶入二氧化碳后，其电导率将增大。

13. 禁止用口尝和正对瓶口用鼻嗅的方法来鉴别性质不明的药品。

14. 铬黑 T 是一种金属指示剂，它与被滴定的金属离子能生成有色络合物。

15. 在使用挥发性药品时，必须在通风柜中或通风良好的地方进行，并应远离火源。

16. 通过比较溶液颜色的深浅来测定有色物质浓度的分析方法称为比色分析方法。

17. 在滴定分析中所使用的滴定管一般分为酸式和碱式两种。

18. 在滴定管读数时，对于无色溶液，应读弯月下缘实线的最低点，读数时，视线应与弯月下缘实线最低点相切。

19. 在一定温度下，某物质在 100g 溶剂里达到饱和状态时所溶解的克数称为溶解度。

20. 在一定程度上能抵御外来酸、碱或稀释的影响，使溶液的 pH 值不发生显著改变的溶液称为缓冲溶液。

21. 如果往氨水溶液中加入固体氯化铵，平衡后，氨水的电离常数不会改变，但溶液中的氢氧根离子浓度降低。

22. 标准溶液所消耗的当量数与待测物质所消耗的当量数相等时的点称为化学计量终点。滴定时指示剂的转变点称为滴定终点。

23. 在一般情况下 EDTA 二钠盐与金属离子所形成的螯合物的络合比是 1∶1。

24. 提高分析结果准确度的方法有选择合适的分析方法、减少测量误差、增加平行实验次数，减少偶然误差、消除测量中的系统误差。

25. 用蒸馏水代替试液，用同样的方法进行试验称为空白试验。用已知溶液代替试液，用同样的方法试验称为对照试验。

26. 吸光光度法所利用的基本原理是朗伯 - 比耳定律，该定律的公式表达式为 $A=kcL$。

27. 碱度分为酚酞碱度和全碱度。

28. 水中 Ca^{2+}、Mg^{2+} 总量称为硬度。

29. 氯化物的测定采用的是摩尔法，所使用的指示剂为铬酸钾，标准溶液为硝酸银溶液。

30. 采集给水、蒸汽样品，原则上应保持水样长流；采集其他水样时，应先把管道内的积水放尽并冲洗后方能取样。

31. 氧气瓶应涂蓝色，用黑色标明"氧气"字样；氮气瓶应涂黑色，用淡黄色标明"氮气"字样；氩气瓶应涂灰色，用绿色标明"氩气"字样；氢气瓶应涂深绿色，用红色标明"氢气"字样。

32. 缓冲溶液具有调节和控制溶液酸度或碱度的能力。

33. 络合滴定中，控制溶液 pH 值可以提高络反应的选择性，消除干扰。

34. 有色溶液对光的吸收程度与该溶液的液层厚度、浓度和入射光强度等因素有关。

35. 热力系统中，凝结水的采样点位于凝结水泵出口、精处理出口母管2采样点位于精处理加药点后，给水采样点位于省煤器入口。

36. pNa4 钠离子标准液中，Na^+ 的物质的量浓度为 10^{-4}mol/L，质量浓度为 2.3mg/L。

37. 写出下列物质的化学式或名称：EDTA 乙二胺四乙酸、硫酸 H_2SO_4、磷酸根离子 $PO4^{3-}$、铵根离子 NH_4^+、碳酸氢根离子 HCO_3^-、十水四硼酸钠俗称硼砂、试剂浓度常用单位 mol/L、g/L。

38. 游离 CO_2 含量增高，将导致水的 pH 值降低，使腐蚀速度加快。

39. 在滴定分析中，将滴定剂从滴定管加到被测物质溶液中的过程称为滴定。

40. 使用钠度计时，通常使用 pNa4 溶液进行定位，复定位液为 pNa5 溶液。

41. 酸式滴定管不能用来盛放碱类溶液，因为磨口玻璃会被碱类溶液腐蚀，放置久了会粘住。

42. 在滴定管的读数时，对于有色溶液，如 $KMnO_4$、I_2 溶液等，视线应与液面两侧的最高点相切。

43. 用 $Na_2S_2O_3$ 溶液滴定碘时，应在中性或微酸性的溶液中进行，因为在碱性溶液中 $Na_2S_2O_3$ 能被 I_2 氧化成硫酸盐。

44. 在移取溶液时，应预先用待移取的溶液将移液管润洗 2～3 次，确保所移取的操作溶液浓度不变。

45. 在滴定水样硬度时，若滴不到终点色或加入指示剂后颜色呈灰紫色，则在加指示剂前，应用 2mL L- 半胱胺酸盐酸盐和 2mL（1+4）三乙醇胺溶液进行联合掩蔽。

46. 邻菲罗啉分光光度法测铁，是将水样中铁全部转化为亚铁，在 pH 值为 4 ～ 5 条件下测定。

47. 测定 1 ～ 500μmol/L 硬度时，一般用酸性铬蓝 K 作指示剂，若用铬黑 T 作指示剂，其缓冲溶液中必须加入适量的 EDTA-镁盐。

48. 气相色谱所测定的对判断充油电气设备内部故障有价值的气体组分为氢气、一氧化碳、二氧化碳、甲烷、乙烷、乙烯、乙炔七种气体组分，有规定注意值的是氢气、乙炔、总烃。

49. 不准使用破碎或不完整的玻璃器皿。

50. 1mol/L（1/2H₂SO₄）溶液中 H⁺浓度为 1mol/L，1mol/L H₂SO₄溶液中 H⁺浓度为 2mol/L，1mol/L HCl 溶液中 H⁺浓度为 1mol/L，1mol/L（1/5KMnO₄）溶液中 KMnO₄的浓度为 1/5mol/L。

51. 用硝酸银容量法测氯离子时，所取水样加入酚酞指示剂，无色时，先用 NaOH 溶液中和至微红色，再用 H₂SO₄溶液滴回至无色，是为了使该溶液达到 pH 值等于 7 左右的中性溶液。

52. 煤的工业分析项目包括水分、灰分、挥发分、固定碳。

53. 从元素分析看，组成煤中可燃有机物的五种主要元素是碳、氢、氧、氮、硫。

54. 量热间应避免阳光直射，冬夏室温以 15 ～ 30℃为宜，不能满足时应安装空调设备。

55. 在测定燃煤挥发分的条件下，析出的物质包括分解产物和水等。

56. 煤中挥发分过少时，则煤不易点燃，且燃烧不稳定，甚至熄灭。

57. 燃料的发热量是指单位质量的燃料完全燃烧时释放出来的热量，其单位为 MJ/kg 或 J/g。

58. 测量燃煤灰分所用的高温炉应用有烟囱。

59. 燃料的发热量表示有三种方法：弹筒发热量、高位发热量、低位发热量。

60. 以常规法测定煤中水分时，称取试样（1 ± 0.1）g 称准至 0.2mg，并在不断鼓风干燥的条件下进行。

61. 煤中灰分的测定方法有缓慢灰化法、快速灰化法。

62. 符号 $Q_{net,\ ar}$ 的意义为收到基低位发热量。

63. 符号 V_{daf} 的意义为干燥无灰基挥发分。

64. 测定煤粉细度标准，筛孔径选 0.09mm 和 0.2mm 两种。

65. 煤质分析时，化验室通常用空气干燥基，而实际中要用收到基。

66. 一般随着煤的变质程度的加深，碳的含量增大，氢的含量减少。

67. 现行的"数字修约规则"是四舍六入五成双。

68. 1kcal（20℃）=4.1816kJ，动力煤市场上将 7000kcal/kg 的煤称为标准煤。

69. 在发电用煤的分类中，一般将灰软化温度 ST 高于 1350℃ 的煤划为不易结渣煤。

70. 使用氧弹测定发热量是在恒容（恒压/恒容）状态下测定的，严格地讲，通常所说的 $Q_{net,\ ar}$ 应为 $Q_{net,\ V,\ ar}$，它表示收到基恒容低位发热量；实际工业生产中，煤粉在工业锅炉中是在恒压（恒压/恒容）状态下燃烧，因此严格地讲，工业生产中发热量相关计算应采用 $Q_{net,\ P,\ ar}$，它表示收到基恒压低位发热量。

71. 煤的工业分析项目包括水分、灰分、挥发分、固定碳，其中挥发分、固定碳两部分为可燃部分。

72. 在测定挥发分时，为了保证测定结果的准确性，挥发分坩埚总质量一般不得超过 20g。

73. 工业分析中，在进行煤中水分测量时，当水分在 2% 以下时，可不必进行检查性干燥。

74. 一步法测定煤中全水分时，试样加热干燥后应趁热称重。

75. 同一实验室中，$A_{ad}<15.00\%$ 时，允许差为 0.20%；A_{ad} 为 15.00%～30.00% 时，允许误差为 0.30%；$A_{ad}>30.00\%$ 时，允许误差为 0.50%。

76. 在发热量测定过程中，氧弹充氧压力为 2.8 ～ 3.0MPa，燃烧单位质量的煤样所产生的热量称为弹筒发热量。

77. 同一煤样重复测定的差值超过规定的允许差时，需进行第三次测定，若三个数的极差小于 1.2T，可取三个数的平均值作为测定结果。

78. 某次煤粉细度测定中，称得样品 25g，在振筛机上振击结束后，称得位于上面的筛子中煤粉质量为 1g，位于下面的筛子中煤粉质量为 4g，则 R_{90}、R_{200} 测定结果分别为 20%、4%。

79. 在进行发热量测试时，如果发现试样燃烧不完全或者有炭黑存在，试样应作废。

80. 用于测定煤粉细度的试样必须达到空气干燥状态。

81. 在用苯甲酸对热量仪进行热容量标定时，苯甲酸应在 60 ～ 70℃干燥箱中干燥 3 ～ 4h，冷却后使用。

82. 煤的发热量的测定中，重复性限要求 $Q_{gr, ad}$ ≤ 120kJ/kg。

83. 灰分、挥发分测定时，控制恒温范围分别为（815±10）℃和（900±10）℃。

84. 若五个煤样全水分测定结果（%）分别为 10.5500、10.5310、10.5600、10.5510，10.8500，则报告值（%）分别为 10.6、10.5、10.6、10.6、10.8。

85. 当液体受外力作用移动时，液体分子之间产生的内摩擦力称为黏度。

86. 通过闪点可以判断油中是否含有轻质馏分。

87. 当油的组成产生变化或因劣化而产生表面活性物质时，有使界面张力减小的趋势。

88. 在试验条件下，将蒸汽通入汽轮机油中所形成的乳浊液达到完全分层所需的时间（min）称为破乳化时间。

89. 水溶性酸和碱能诱导和加速油的氧化。

90. 选择油品闪点测定法之所以要分成闭口杯法和开口杯法主要取决于油品的性质和使用条件。

91. 油品的低温流动性是指油品黏度随温度的降低而增大，即其流动性逐渐变差的特性。

92. 汽轮机油主要用于汽轮发电机的油系统中，起润滑、冷却散热、调速作用。

93. 油品在 20℃时的密度为标准密度。

94. 油中最常见的杂质有水分、机械杂质。

95. 在整批油桶内采样时，采样的桶数应能足够代表该批油的质量，在有 6～20 桶的一批油桶中，应从 3 桶中采样。

96. 抗燃油最重要的监督指标是颗粒度。

97. C_2H_4、CH_4、C_2H_2、C_2H_6 分别表示乙烯、甲烷、乙炔、乙烷，其中有注意值要求的是乙炔。

98. GB/T 17623-2017《绝缘油中溶解气体组分含量的气相色谱测定法》中，机械振荡法相关规定；色谱分析标准方法中氮气/氩气纯度要求为 99.99%。

99. 变压器的牌号是根据油品的抗氧化剂添加量、最低冷态运行温度划分的。如 I-20℃号变压器油表示最低冷态投运温度为 -20℃、含抗氧化添加剂油。

100. 进行油品液相锈蚀的时间要求为 24h。

101. 干燥器上磨口要涂抹上凡士林以增加密封性。

第二章

选择题

1. 摩尔是国际单位制中的基本单位之一，用于表示（ C ）。

   A. 物质的质量　B. 物质的浓度　C. 物质的量

2. 浓硫酸溶解于水时（ C ）。

   A. 会吸热　　　　B. 其溶液温度不变　　　　C. 会放热

3. 同一浓度的溶液，若温度不同，其电导率（ A ）。

   A. 也不一样　　B. 不受影响　　C. 影响甚微

4. 酸度是指水中能和氢氧根发生中和反应的酸性物质的总量，这些酸性物质是（ A ）。

   A. 在稀溶液中能全部电离出氢离子的盐酸、硫酸和硝酸

   B. 在稀溶液中能部分电离的弱酸，如氢硫酸和腐殖酸等

   C. 强碱弱酸生成的盐类，如碳酸钠、磷酸三钠和醋酸钠等

5. 下列不属于分光光度计单色器的组成部分的是（ D ）。

   A. 棱镜　　　　B. 狭缝　　　　C. 光栅　　　　D. 反光镜

6. 采用库仑分析法属于（ D ）。

   A. 化学　　　　B. 色谱　　　　C. 物理　　　　D. 电化学

7. 在一定条件下，利用反应物颜色学深浅测定物质浓度的方法叫（ C ）。

   A. 比色法　　　B. 目视法　　　C. 目视比色法

8. 优级纯的试剂用（ B ）符号表示。

   A. A.R　　　　B. G.R　　　　C. C.P

9. 分析纯试剂用（ C ）色标签作标记。

   A. 绿　　　　B. 蓝　　　　C. 红

10. 常用的 pH 值定位液是用（ B ）试剂配制的。

　　A. Na_2SO_3

　　B. $Na_2B_4O_7 \cdot 10H_2O$

　　C. $NaPO_4$

11. 滴定分析适合于（ C ）组分的测定。

　　A. 痕量　　　　B. 微量　　　　C. 常量

12. 影响沉淀溶解度减小的效应是（ A ）。

　　A. 同离子效应　B. 络合效应　　C. 盐效应

13. 常温下，下列溶液中酸性最强的是（ C ）。

　　A. pH=4　　　B. $[H^+]=10^{-5}$　　C. $[OH^-]=10^{-12}$

14. 做精确分析时，需要校准的玻璃仪器是（ C ）。

　　A. 量筒　　　　B. 量杯　　　　C. 容量瓶

15. 符合基准物质的条件是（ B ）。

　　A. 分子式中结晶水无法确定

　　B. 杂质含量少至可以忽略

　　C. 在常温下性质不稳定

16. 在一定温度下，难溶电解质饱和溶液其离子浓度的乘积为一常数，称为（ B ）。

　　A. 电离常数　　B. 溶度积常数　C. 稳定常数

17. 加入盐酸溶液能放出 CO_2 的物质是（ B ）。

　　A. 活性炭　　　B. 碳酸钙　　　C. 碳化钙

18. 混合碱在水中不能共存的是（ B ）。

　　A. NaOH 和 Na_2CO_3

　　B. NaOH 和 $NaHCO_3$

　　C. Na_2CO_3 和 $NaHCO_3$

19. 以酸性铬蓝 K 为指示剂测硬度，终点颜色是（ B ）。

　　A. 蓝色　　　　B. 蓝紫色　　　C. 酒红色

20. 不能存放在一处的气体是（ B ）。

　　A. N_2 和 H_2　　B. O_2 和 C_2H_2　　C. H_2 和 C_2H_2

21. 化学可逆反应中，不能引起化学平衡移动的是（ A ）。

　　A. 加入催化剂　B. 提高温度　　C. 减少反应物浓度

22. pH=2 的溶液中 H^+ 浓度是 pH=4 溶液中 H^+ 浓度的（ A ）倍。

    A. 100   B. 1/100   C. 1/2

23. 下列（ A ）溶液是 pH 值缓冲溶液。

    A. 1mol/L HAc+1 mol/L NaAc

    B. 1mol/L HAc+1 mol/L NaCl

    C. 1mol/L HAc+1 mol/L NaOH

24. 某 pH 值缓冲溶液加水稀释一倍，其中 H^+ 浓度（ C ）。

    A. 减少 1/2   B. 增加 1 倍   C. 基本不变

25. 一般情况下，离子的活度（ C ）离子的浓度。

    A. 等于   B. 大于   C. 小于

26. 氢气和空气混合体的最低爆炸极限为（ A ）。

    A. 4%   B. 5%   C. 6.5%

27. 氨与空气混合物爆炸的最低极限为（ B ）。

    A. 10%   B. 15%   C. 20%

28. 鉴定 NH_4^+ 离子的特效试剂是（ B ）。

    A. NaOH   B. 奈斯勒试剂   C. HCl

29. 实验室中用于保干仪器的 $CoCl_2$ 变色硅胶，变为何种颜色时表示已失效（ A ）。

    A. 红色   B. 蓝色   C. 黄色   D. 绿色

30. 在分析化学实验室常用的去离子水中，加入 1～2 滴酚酞指示剂，应呈现（ D ）。

    A. 红色   B. 蓝色   C. 黄色   D. 无色

31. 现需配制 0.2mol/LHCl 溶液和 0.2mol/LH_2SO_4 溶液，请从下列仪器中选一最合适的仪器量取浓酸（ C ）。

    A. 容量瓶   B. 移液管   C. 量筒   D. 酸式滴定管

32. 欲取 50mL 某溶液进行滴定，要求容积量取的相对误差不大于 0.1%，在下列量器中宜选用何者（ B ）。

    A. 50mL 量筒   B. 50mL 移液管

    C. 50mL 滴定管   D. 50mL 容量瓶

33. 定量分析工作要求测定结果的误差（ D ）。

    A. 越小越好   B. 等于零

C. 没有要求　　　　　　D. 在允许误差范围之内

34. 用电光天平称物，天平的零点为 –0.3mg，当砝码和环码加到 11.350 0g 时，天平停点为 +4.5mg，此物质量为（ D ）。

A. 1.354 5g　　B. 11.354 8g　　C. 11.354 2g　　D. 11.354 5g

35. 用 25mL 移液管移出的溶液体积应记录为（ C ）。

A. 25mL　　B. 25.0mL　　C. 25.00mL　　D. 25.000mL

36. 对某试样进行三次平行测定，得 CaO 平均含量为 30.6%，而真实值含量为 30.3%，则 30.6%–30.3%=0.3% 为（ C ）。

A. 相对误差　　B. 相对偏差　　C. 绝对误差　　D. 系统误差

37. 对某试样进行多次平行测定，获得其中硫的平均含量为 3.25%，则其中某个测定值（如 3.15%）与此平均之差为该次测定的（ D ）。

A. 绝对误差　　B. 相对误差　　C. 系统误差　　D. 绝对偏差

38. 由计算器算得的结果为 12.004 471，保留 4 位有效数字的修约结果为（ C ）。

A. 12　　B. 12.0　　C. 12.00　　D. 12.004

39. 用 0.01mol/L 的 HCl 滴定 0.01mol/L 的 NaOH，应选择的指示剂是（ B ）。

A. 甲基橙　　B. 甲基红　　C. 百里酚酞　　D. 百里酚蓝

40. pH=1.00 的 HCl 溶液和 pH=12.00 的 NaOH 溶液等体积混合后，溶液的 pH 值为（ C ）。

A. 1.50　　B. 6.50　　C. 1.35　　D. 2.00

41. 用 $KMnO_4$ 标准溶液进行滴定应使用（ A ）滴定管。

A. 酸式　　B. 碱式　　C. 酸碱式

42. 下列操作中，属于方法误差的是（ A ）。

A. 滴定终点与化学计量点不符合

B. 天平零点有变动

C. 记录误差

D. 读数不准

43. 在悬浮固体测定中，当其含量大于 50mg/L 时，取样体积为
（ B ）mL。

　　A. 250　　　　　B. 500　　　　　C. 1000　　　　　D. 50

44. 硅标准溶液应储存在（ C ）。

　　A. 白色磨口玻璃瓶中　　　　　B. 棕色磨口玻璃瓶中

　　C. 聚乙烯塑料桶　　　　　　　D. 任何容器

45. 用邻菲罗啉光度法测定铁时，需控制溶液的 pH 值为（ D ）。

　　A. 9 ～ 11　　　B. 8 ～ 10　　　C. 2 ～ 8　　　D. 4 ～ 5

46. 用天平称 5.0g 的药品，称量结果是 4.8g，则此次称量的相对
误差为（ C ）。

　　A. 96%　　　　B. 4.3%　　　　C. 4%　　　　D. 2%

47. 标准规定，采集蒸汽试样的容器在使用完后应用（ C ）进行
清洗。

　　A. 氢氧化钠　　B. 试样水　　　C.（1+1）盐酸 D. 高锰酸钾

48. 重量法测钙时，用硝酸银检验 Cl⁻ 时，应在（ B ）条件下进行。

　　A. 中性　　　　B. 酸性　　　　C. 碱性

49. 下列溶液中 pH 值小于 10 的是（ B ）溶液。

　　A. NaOH　　　B. NaCl　　　　C. NaHCO$_3$　　　D. Na$_2$CO$_3$

50. 过滤硫酸钡沉淀时，应选用（ C ）定量滤纸。

　　A. 快速　　　　B. 中速　　　　C. 慢速

51. 间接碘量法应在（ C ）溶液中进行。

　　A. 强酸性　　　B. 强碱性　　　C. 中性

52. 烷烃、烯烃、炔烃按其化学性质中的活泼性排列，其顺序是
（ A ）。

　　A. C$_n$H$_{2n+2}$<C$_n$H$_{2n}$<C$_n$H$_{2n-2}$

　　B. C$_n$H$_{2n}$<C$_n$H$_{2n-2}$<C$_n$H$_{2n+2}$

　　C. C$_n$H$_{2n-2}$<C$_n$H$_{2n+2}$

53. 色谱仪灵敏度应足够高，满足最小检测浓度对乙炔不大于
0.1μL/L，对氢不大于（ C ）。

　　A. 0.1μL/L　　B. 1μL/L　　　C. 2μL/L

54. 测量电池由（A）组成。
    A. 参比电极、指示电极及被测溶液构成的原电池
    B. 参比电极和被测溶液构成的原电池
    C. 指示电极和被测溶液构成的原电池

55. 精密度是表达分析数据分散程度的一个指标，用（B）来度量。
    A. 平均值　　　B. 偏差值　　　C. 误差值

56. 不同的分析方法和被测成分含量不同时，允许差（A）。
    A. 不相同　　　B. 相同　　　C. 相等

57. 允许差有（C）。
    A. 室内允许差与室外允许差
    B. 室外允许差与室间允许差
    C. 室内允许差与室间允许差

58. 室内允许差用于检验分析结果的（B）。
    A. 再现精密度　B. 重复精密度　C. 误差

59. 准确度常用（A）来量度。
    A. 误差值　　　B. 标准值　　　C. 真实值

60. 在仲裁分析中，其主要矛盾是（A）。
    A. 准确度　　　B. 灵敏度　　　C. 精密度

61. 配制 pH 值为 4.01 的缓冲溶液，应使用（C）试剂。
    A. HAc　　　　B. $KHSO_4$　　　C. 苯二甲酸氢钾

62. 绝对偏差、相对偏差、误差（C）。
    A. 总是正值　　B. 总是负值　　C. 有正有负

63. 分析法要求相对误差为 ±1‰ 若称取试样的绝对误差为 ±0.0002g，则一般至少称取试样的质量是（B）。
    A. 0.1g　　　　B. 0.2g　　　　C. 0.3g　　　　D. 2g

64. 增加平行测定的次数，可减小或消除的是（B）误差。
    A. 试剂　　　　B. 偶然　　　　C. 操作　　　　D. 方法

65. 硼砂（$Na_2B_4O_7 \cdot 10H_2O$）作为基准物质用于标定 HCl 溶液的浓度，若事先将其置于有干燥剂的干燥器中，对所标定的 HCl 溶液浓度有何影响（B）。
    A. 偏高　　　　B. 偏低　　　　C. 无误差　　　　D. 不确定

66. 下列情况引起的误差是偶然误差的是（ B ）。

    A. 天平零点稍有变动

    B. 称量时试样吸收了空气中的水分

    C. 滴定管未经校准

    D. 所用纯水中含有干扰离子

67. 用 0.10mol/L 的 HCl 滴定 Na_2CO_3 至第一化学计量点，此时可选用指示剂为（ C ）。

    A. 甲基橙   B. 甲基红   C. 酚酞   D. 百里酚酞

68. 以下关于偶然误差的叙述正确的是（ B ）。

    A. 大小误差出现的概率相等

    B. 正负误差出现的概率相等

    C. 正误差出现的概率大于负误差

    D. 负误差出现的概率大于正误差

69. 以碳酸钠为基准物标定盐酸的浓度，下列哪种情况会使盐酸浓度偏高（ A ）。

    A. 碳酸钠未完全干燥   B. 滴定至溶液呈红色为终点

    C. 在读取体积时多读了 1mL

70. 滴定度是指（ B ）。

    A. 每毫升滴定液相当于被测物的物质的量

    B. 每毫升滴定液相当于被测物的克数

    C. 每毫升滴定液相当于被测物的毫升数

71. 可用下列何种方法减免分析测试中的系统误差（ A ）。

    A. 进行仪器校正   B. 增加平行测定的次数

    C. 测定时保持环境的湿度一致

72. 下列各数中，有效数字位数为四位的是（ A ）。

    A. CaO%=25.30   B. $[H^+]$=0.0235mol/L

    C. pH=10.46   D. 4200kg

73. 在滴定分析中，一般用指示剂颜色的突变来判断化学计量点的到达，在指示剂变色时停止滴定，这一点称为（ C ）。

    A. 化学计量点 B. 滴定误差   C. 滴定终点   D. 滴定分析

74. 用已知溶液代替试液，用同样的方法进行鉴定，称为（ C ）。

    A. 平行试验　　　B. 空白试验　　　C. 对照试验

75. 煤的工业成分组成包括水分、灰分、挥发分和固定碳，其中挥发分为（ B ）形态。

    A. 煤中原有　　　　　　　　　B. 加热分解转化后

    C. 自然变化后的

76. 煤中的灰分是指煤中所有可燃物完全燃烧后，剩余的矿物质在（ A ）温度下，在空气中经一系列分解、化合等反应后的残渣。

    A. 815℃　　　　B. 700℃　　　　C. 900℃

77. 燃煤中的硫，按其形态可划分为（ C ）。

    A. 有机硫和无机硫　　　　　　B. 元素硫和固定硫

    C. 有机硫和硫酸盐

78. 煤灰在高温下的特性，主要是指（ C ）。

    A. 炉渣与液态排渣锅炉的排渣特性

    B. 灰渣的流动性

    C. 煤灰的熔融性与炉渣的流动特性

79. 测定燃煤发热量时，充氧时间不得少于（ A ）。

    A. 0.5min　　　B. 1 min　　　C. 1.5 min

80. 测定发热量时加入氧弹的蒸馏水为（ B ）。

    A. 5mL　　　　B. 10mL　　　　C. 20mL

81. 在测定发热量时点火采用（ B ）的电源，可由（ B ）系统电源经变压器供给。

    A. 24～36V、360V　　　　　　B. 12～24V、220V

82. 点火丝的直径一般选用（ A ）左右。

    A. 0.1mm　　　B. 0.5mm　　　C. 1mm

83. 当内筒测温使用贝克曼温度计，外筒测温使用普通温度计时，应从实测的外筒温度中（ B ）贝克曼温度计的基点温度作为外筒温度。

    A. 加上　　　　B. 减去　　　　C. 不加不减

84. 由弹筒发热量算出的高位发热量和低位发热量都属恒容状态，

在实际工业燃烧中则是（ C ）状态。

    A. 恒容　　　　B. 恒温　　　　C. 恒压

85. 天平在天平台上的安装间距要大于（ A ）。

    A. 0.5m　　　　B. 1.0m　　　　C. 1.5m

86. 标准煤样的标准值（ A ）。

    A. 不是一个确定的数值　　　　B. 是一个确定的数值

87. 当 $C_{daf} \leq 90\%$，煤发热量（ A ）。

    A. 随碳含量的增加而增加　　　　B. 随碳含量的增加而减少

    C. 无规律

88. 空气干燥法测水分适用于（ C ）。

    A. 所有煤种　　B. 烟煤和褐煤　C. 烟煤和无烟煤

89. 采用空气干燥法测定水分时，要求（ C ）。

    A. 烘箱中放入试样后，开鼓风，开始加热

    B. 预先加热到 105 ～ 110℃放入试样后开鼓风

    C. 预先鼓风并已加热到 105 ～ 110℃后再放入试样

90. 测定煤中灰分时，应在 500℃时保持（ B ）后，再继续升温至 810℃。

    A. 20min　　　　B. 30min　　　　C. 40min

91. 下列实验项目中不做检查性实验的是（ C ）。

    A. 灰分　　　　B. 水分　　　　C. 挥发分

92. 测定燃煤发热量时，搅拌器的转速以（ C ）为宜。

    A. 200 ～ 300r/min　　　　B. 300 ～ 500r/min

    C. 400 ～ 600r/min

93. 热容标定值的有效期为（ A ），超过此期限应进行复查。

    A. 三个月　　　　B. 四个月　　　　C. 五个月

94. 干燥无灰基固定碳的代表符号是（ A ）。

    A. FC_{daf}　　　　B. FC_{ar}　　　　C. FC_{d}

95. 煤中的（ C ）是通过计算得出的。

    A. 灰分　　　　B. 挥发分　　　　C. 固定碳

96. 测定煤发热量时，往内筒中加入足够的蒸馏水，使氧弹盖的顶

面浸没在水面下（ B ）。

A. 5～10mm　　B. 10～20mm　C. 20～30mm

97. 煤中全水分小于 10% 时，同一实验室两次平行测定结果的允许误差为（ A ）。

A. 0.4%　　　　B. 0.5%　　　　C. 0.6%

98. 应取极差不超过（ B ）的五次实验结果平均值作为量热计的热容量。

A. 30J/℃　　　B. 40J/℃　　　C. 50J/℃

99. 在测定发热量时，外筒水温应尽量接近室温，相差不超过（ B ）。

A. 1℃　　　　　B. 1.5℃　　　　C. 2℃

100. 对油质劣化产物及可溶性极性杂质反映敏感的检测项目是（ B ）。

A. 闪点　　　B. 界面张力　C. 凝固点　　D. 密度

101. 在变压器油油质劣化过程中起加速作用的影响因素是（ B ）。

A. 水分　　　B. 震动与冲击　C. 铜、铁　　D. 纤维素材料

102. 闪点在（ D ）℃以下的液体称为易燃液体。

A. 75　　　　B. 60　　　　C. 50　　　　D. 45

103. 下列气体中，能引起光化学烟雾的主要污染物是（ B ）。

A. SO_2　　　B. NO_x　　　C. CO_2　　　D. CO

104. 变压器油在绝缘套管中起的主要作用是（ C ）。

A. 散热　　　B. 灭弧　　　C. 绝缘　　　D. 绝缘、散热

105. 对密封油系统与润滑系统分开的机组，应从密封油箱（ A ）取样化验。

A. 底部　　　B. 中部　　　C. 上部　　　D. 冷油器出口

106. 在进行汽轮机油液相锈蚀试验时，规定的水浴恒温温度是（ C ）℃。

A. 50±1　　B. 40±1　　C. 60±1　　D. 54±1

107. 现行汽轮机油的牌号是根据该油品在（ C ）℃时的运动黏度的平均数划分的。

A. 0　　　　B. 20　　　　C. 40　　　　D. 50

108. 在油中水分测定中，取样不得在相对湿度大于（ D ）的情况

下进行。

　　A. 40%　　　　B. 50%　　　　C. 60%　　　　D. 70%

109. 变压器油的击穿电压不能判断油中是否存在（ B ）。

　　A. 水分　　　B. 酸性物质　　C. 杂质　　　D. 导电颗粒

110. 机组大小修过程中，油务人员不需对（ D ）进行检查。

　　A. 汽轮机油油箱　　　　　　B. 冷油器

　　C. 调速系统　　　　　　　　D. 凝汽器

111. 解决汽轮机油系统的锈蚀问题，关键在于（ A ）。

　　A. 防止外界水分的渗入　　B. 防止油品自身氧化

　　C. 添加合适的防锈剂　　　D. 加强滤油

112. 对于充油电气设备来说，油中的乙炔气体迅速增加，设备内主要存在（ A ）故障。

　　A. 放电　　　B. 过热　　　C. 溶解　　　D. 相对平衡

113. 对汽轮机油和液压油，为了严格控制空气的混入，制订了（ A ）控制标准。

　　A. 抗泡沫性、空气释放值　　B. 抗泡沫性、抗氧化性

　　C. 抗氧化性、空气释放值　　D. 破乳化度、液相锈蚀

114. 运行中高压抗燃油电阻率降低主要是由于（ B ）污染造成的。

　　A. 机械杂质　　B. 极性杂质　　C. 潮气　　　D. 矿物油

115. 在变压器中发生电弧故障的主要特征气体组成是（ C ）。

　　A. 氢气　　　B. 甲烷、乙烯　C. 氢气、乙炔　D. 乙烷、乙烯

116. 运行中抗燃油的水分的主要来源是（ A ）。

　　A. 吸收空气中的潮气　　　　B. 磷酸酯水解

　　C. 系统漏汽　　　　　　　　D. 冷油器泄漏

117. 下列项目中能证明油品发生化学变化的项目是（ D ）。

　　A. 密度　　　B. 闪点　　　C. 黏度　　　D. 酸值

118. 库仑法测定油中微水时，当在吡啶和甲醇的参比下，（ B ）被二氧化硫还原。

　　A. 水　　　　B. 碘　　　　C. 氢　　　　D. 吡啶

119. 油品取样容器为（ A ）mL 的磨口具塞玻璃瓶。

　　A. 500～1000　B. 250～500　C. 1000～2000　D. 150～250

120. 测定油品酸值的氢氧化钾乙醇标准溶液不应储存时间太长，一般不超过（ D ）。

A. 1 个月　　B. 2 个月　　C. 半年　　D. 3 个月

121. 下面指标中，（ A ）不是汽轮机油指标要求。

A. 电阻率　　B. 运动黏度　　C. 泡沫特性　　D. 破乳化度

122. 采用闭口杯法测定变压器油闪点时，在试样温度到达预期闪点前 10℃时，对于闪点低于 104℃的试样每（ A ）℃进行一次点火试验。

A. 1　　　　B. 3　　　　C. 4　　　　D. 5

123. 破乳化度试验规定，将试样和蒸馏水各（ B ）mL 注入量筒内。

A. 30　　　B. 40　　　C. 50　　　D. 100

124. 测定油品水溶性酸的指示剂 BTB 配置完成后，最终 pH 值是（ A ）。

A. 5.0　　　B. 5.5　　　C. 4.5　　　D. 4.0

125. 已知某数据测量结果的绝对误差为 1g，测量结果的平均值为 20g，其结果的相对误差是（ A ）。

A. 5%　　　B. 10%　　　C. 4%　　　D. 3%

126. 化验室理化分析中经常有加热操作，实际工作中若不明了这些基本知识，必然出现差错，甚至造成化验事故。使用的玻璃仪器有可加热的和不可加热的两类，下面哪种玻璃仪器可在电炉上加热使用（ C ）。

A. 量筒、量杯　　　　B. 容量瓶、试剂瓶

C. 烧杯、烧瓶

第三章

问答题

1. 什么是碱度？什么是硬度？

答：（1）碱度。碱度是指水中能和氢离子发生中和反应的碱性物质的总量。这些碱性物质主要是碱金属和碱土金属的重碳酸盐、碳酸盐和氢氧化物。分别称为重碳酸盐碱度、碳酸盐碱度和氢氧根碱度。

（2）硬度。水的硬度主要由钙与镁的各种盐类组成，水的硬度分碳酸盐硬度和非碳酸盐硬度两种。

2. 试述酸的通性。

答：（1）具有酸性。在水溶液中能电离出氢离子，能使指示剂如石蕊变色。

（2）能与碱起中和反应生成盐和水。

（3）能与某些金属作用生成氢气和盐。

3. 化学监督的任务是什么？

答：（1）供给质量合格、数量足够和成本低的锅炉补给水，并根据规定对给水、凝结水、冷却水、热网补给水和废水等进行必要的处理。

（2）对水、汽质量，油质及煤质等进行化学监督，防止热力设备和发电设备腐蚀、结垢和积集沉积物，防止油质劣化，以及提供锅炉燃烧的有关数据。

（3）参加热力设备、发电设备和用油设备检修时有关检查和验收。

（4）在保证安全和质量的前提下，努力降低水处理和油处理等消耗指标。

4. 使用量筒时有哪些注意事项？

答：（1）用量筒量取透明液体的体积时，使其凹液面的下部恰恰处于所需的体积刻线的同一水平处，不透明的或深颜色液体的体积，则按凹液面的上部来确定。

（2）不允许用大量筒取少量的液体。因为用量筒测量体积的准确程度和量筒的直径有关，量筒越粗，所量的体积的准确度就越小。

（3）不能对量筒加热。因量筒底端的玻璃厚薄不均，易破裂且引起容积的改变。

5. 如何配制标准溶液？

答：标准溶液通常有两种配法：

（1）不用标定的基准液配置方法，即准确称取一定量的基准试剂，溶于一定体积的溶剂中。比色、分光光度法所用的标准溶液及 pH 值标准缓冲液等均属于这一种。

（2）先配成近似浓度的溶液，然后用基准试剂进行标定。配法如下：用秤称出预先计算好的近似准确数量的物质，溶于所需数量的溶剂中，随后用基准试剂标定，以确定其准确浓度。

6. 如何提高分析结果的准确度？

答：误差来源于系统误差和随机误差，提高分析结果的准确度必须减少测定中的系统误差和随机误差，常有的方法如下：

（1）增加测定次数，减小随机误差。

（2）进行比较试验，消除系统误差。

（3）校正仪器，使用校正值以消除仪器本身缺陷所造成的误差。

（4）选择准确度较高的方法。

（5）使用标准样品或控制样。

7. 什么是离子选择性电极与参比电极？

答：（1）离子选择性电极是指具有将溶液中某种特定离子的活度转变成一定电功能的电极。

（2）参比电极是指在一定温度、压力条件下，当被测溶液的成分改变时，电极电位保持不变的电极。

8. 化学计量点与滴定终点有何区别？什么是滴定误差？如何减小滴定误差？

答：化学计量点是标准溶液与被测物按化学计量关系正好完全反应的点；滴定终点是指示剂的变色点。由于滴定终点与化学计量点不一致造成的误差是滴定误差。选择合适的指示剂可减小滴定误差。

9. 使用有毒、易燃、有挥发性或有爆炸性的药品应注意什么？

答：使用这类药品时要特别小心，必要时要戴口罩、防护眼镜及橡胶手套；操作时必须在通风橱或通风良好的地方进行，并远离火源；接触过的器皿应彻底清洗。

10. 稀释浓硫酸时，为何不准将水倒入浓硫酸中？

答：因为浓硫酸溶解于水时，和水发生反应，生成水化物并放出大量的热。当水倒入时，水就浮在硫酸表面，并立即发生反应，造成局部热量集中，使水沸腾，易造成酸液飞溅，可能造成化学烧伤。

11. 硬度测定的基本原理是什么？

答：在 pH 值为 10 ± 0.1 的缓冲溶液中，用铬黑 T 等作指示剂，以乙二胺四乙酸二钠盐标准溶液滴定至纯蓝色为终点，根据消耗 EDTA 标准溶液的体积，即可计算出水中钙、镁离子总量。

12. 简述 pH 值的测定原理。

答：根据能斯特方程，25℃时一价离子每变化一个 pH 值能产生 59.16mV 的电位。pH 计即利用对 H^+ 起敏感作用的玻璃电极与参比电极组成一个原电池，参比电极电位基本不变，玻璃电极电位随水样 pH 值变化而变化，测得两电极电位差即反映水的 pH 值的大小。

13. 邻菲罗啉分光光度法测定铁所加各试剂的作用是什么？

答：（1）浓盐酸：制造酸性条件，并将胶态、固态氧化铁转化成铁离子。

（2）盐酸羟胺：将 Fe^{3+} 还原成 Fe^{2+}。

（3）邻菲罗啉：与 Fe^{2+} 生成浅红色络合物。

（4）刚果红试纸：指示 pH 值到达。

（5）氨水：调节 pH 值。

（6）乙酸 – 乙酸铵：稳定溶液 pH 值。

14. 测定硬度时如果在滴定过程中发现滴不到终点或加入指示剂后为灰紫色，是什么原因？如何处理？

答：原因：水样中有铁、铜、锰等离子干扰滴定结果。

处理：先加掩蔽剂消除干扰，然后加指示剂，用 EDTA 滴定即可。

15. 比色分析中理想的工作曲线应该是重现性好，而且是通过原点的直线。在实际工作中引起工作曲线不能通过原点的主要因素有哪些？

答：（1）参比溶液的选择和配置不当。

（2）显色反应和反应条件的选择、控制不当。

（3）用于显色溶液和参比溶液的比色皿厚度或光源性能不一致。

16. 测定铜铁时，为什么先在取样瓶中加 2mL 浓盐酸或少量过硫酸铵？

答：（1）使水样氧化脱色，避免测定结果发生误差。

（2）使亚铁或亚铜离子氧化成高价铁离子或铜离子。

（3）将水样中不溶解的铜或铁腐蚀产物完全溶解。

17. 简述影响电导率测定的因素有哪些？

答：（1）温度对溶液电导率的影响。温度升高，离子热运动加速，电导率增大。

（2）电导池电极极化对测定有影响。在电导率测定过程中会发生电极极化，从而引起误差。

（3）电极系统的电容对电导率测定有影响。

（4）水样溶入气体如二氧化碳对溶液电导率的测定有影响。

18. 水样存放或运送过程中应注意什么？

答：（1）应检查水样瓶是否封闭严密，水样瓶应存放在阴凉处。

（2）冬季应防止水样冰冻，夏季应防止水样受阳光暴晒。

（3）分析经过存放或运送的水样应在报告中注明存放的时间或温度等条件。

19. 采用什么方法可以提高洗涤效果？在干燥、灰化、灼烧沉淀时应注意什么？

答：采用"少量多次"的洗涤方法，可以提高洗涤效果。干燥时应选择合理的干燥温度，并确保容器清洁；在将沉淀物包入滤纸时，勿使沉淀丢失。灰化时防止滤纸着火，防止温度上升过快；灼烧时应在规定温度下在高温炉内进行，坩埚与盖之间要留一孔隙，烧后在干燥器内不允许与干燥剂接触。

20. 何谓分光光度法？它包括哪些内容？如何克服分光光度法中仪器的误差？

答：利用单色器（棱镜或光栅）获得单色光束测定物质对光吸收能力的方法称为分光光度法。它包括比色法、可见紫外分光光度法及红外光谱法。克服仪器误差的方法如下：

（1）入射光应选择被测物质溶液的最大吸收波长。

（2）控制适当的吸光度范围。

（3）选择适当的参比溶液。

21. 分析天平的使用规则有哪些？

答：（1）分析天平应放在室温均匀的牢固的台面上，避免振动、潮湿、阳光照射及与腐蚀性气体接触。

（2）在同一分析中，应该用同一台天平和砝码。

（3）天平载物不得超过其最高载重量，开关要慢，取放物体及砝码时应先关闭开关，物体及砝码要分别放在盘中间。

（4）天平箱应保持清洁干净，称量时要关紧天平门，变色硅胶要勤换，保持有效。

（5）被称物体的温度与室温相同，称量完毕应关闭开关，取出物体和砝码，电光天平针指数盘还原，切断电源，关闭开关，罩上布罩。

（6）要用适当的容器盛放化学药品，不可直接放在称量盘上称量。

22. 用银量法测定氯离子时，为什么要在中性溶液中进行？

答：在酸性溶液中，Ag_2CrO_4 会发生溶解，看不出红棕色沉淀，即得不到滴定终点，反应式为

$$Ag_2CrO_4+H^+ \Longleftrightarrow 2Ag^++HCrO_4^-$$

若溶液碱性较强，则产生黑褐色和黑色沉淀，仍得不到滴定终点，反应式为

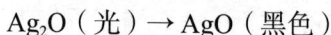

$$2Ag^++2OH^- \Longleftrightarrow Ag_2O+H_2O$$

$$Ag_2O（光）\rightarrow AgO（黑色）$$

因此，这种滴定只能在中性溶液中进行。

23. 金属指示剂为什么能变色？金属指示剂应具备什么样的条件？

答：金属指示剂也是一种络合剂，它与被测定的金属离子能生成有色络合物，这种有色络合物的颜色与指示剂本身颜色不同。

金属指示剂应具备的条件如下：

（1）金属指示剂本身的颜色和有色络合物的颜色有明显的区别。

（2）指示剂与金属离子生成的络合物应具有适当的稳定性。

（3）有色络合物应易溶于水，显色反应要灵敏、迅速，并有一定的选择性。

（4）指示剂应比较稳定，不易被氧化变质。

24. 洗涤后的玻璃仪器应该怎样保存？

答：（1）一般仪器经洗净干燥后倒置于专用橱内，橱内隔板上衬垫干净的白纸，也可在隔板钻很多孔洞，便于倒置插放仪器，橱门要严密防尘。

（2）移液管除要贴上标签外，还应在用完后用干的滤纸将两端卷起包好，放在专用架上。

（3）滴定管要倒置在滴定管架上，也可装满蒸馏水，上口加盖。

（4）称量瓶只要用完，就应该洗干净，烘干放在干燥器内保存。

（5）比色杯、比色管洗净干燥后，放置在专用盒内或倒置在专用架上。

（6）带有磨口塞子的仪器，洗净干燥后，要衬纸加塞保存。

25. 定量分析中产生误差的原因有哪些？

答：产生误差的原因很多，一般分三类：系统误差、偶然误差和操作误差。

（1）系统误差产生的主要原因为分析方法本身所造成的方法误差，仪器不符合要求所造成的仪器误差，试剂不纯所造成的试剂误差，掌握操作规程与控制操作条件稍有出入而造成的误差。

（2）偶然误差：由于偶然因素所造成的误差。

（3）操作误差：由于工作粗心或不遵守操作规程而造成的误差。

26. 怎样存放有毒性、易燃或有爆炸性的药品？

答：凡有毒性、易燃或有爆炸性的药品不准放在化验室的架子上，应储放在隔离的房间和柜内或远离厂房的地方，并有专人负责保管。

27. 测定溶液中的 Na^+ 时，为什么要加入碱性试剂？

答：加入碱性试剂的目的是使被测水样的 pH 值达到 10 左右，避免氢离子对 pNa 的测定造成干扰。

28. 如何干燥洗涤好的玻璃仪器？

答：干燥洗涤好的玻璃仪器有以下几种方法：

（1）晾干。洗涤好的仪器，可用除盐水刷洗干净后在无尘处倒置，控去水分，然后自然干燥。

（2）烘干。仪器控去水分后，放在电烘箱中烘干，烘箱温度为 $105 \sim 110℃$，烘 1h 左右即可。

（3）热（冷）风吹干。对于急于干燥的仪器或不适用于放入烘箱的较大仪器，可采用吹干的方法。

29. 使用高温炉和烘箱需要注意什么问题？

答：使用高温炉和烘箱时，必须确认自动温控装置可靠，并定时监测温度，以防温度过高，不得把含有大量易燃、易爆溶剂的液体送入烘箱或高温炉中。

30. 对水质分析的基本要求有哪些？

答：（1）正确取样，并使水样具有代表性。

（2）确保水样不受污染，并在规定的可存放时间内做完分析项目。

（3）确认分析仪器准确可靠并正确使用。

（4）掌握分析方法的基本原理和操作。

（5）正确进行分析结果的计算和校核。

31. pH 与 pNa 玻璃电极能指示溶液中的 H^+ 和 Na^+ 含量的原因是什么？

答：玻璃电极的主要部分是玻璃膜，它由特殊成分的玻璃制成，玻璃电极的选择性主要取决于玻璃的组成。pH 玻璃电极仅对氢离子较敏感，pNa 玻璃电极仅对钠离子敏感。

32. 试述电导仪测定的原理。

答：由于电导率和电阻是倒数关系，故电导率的测定实际上就是导体电阻的测定。根据电极常数通过换算求得电导率。

33. 测定活性硅的测定原理是什么？

答：在 pH 值为 $1.1 \sim 1.3$ 条件下，水中的可溶硅与钼酸铵生成黄色硅钼络合物，还原剂把硅钼络合物还原成硅钼蓝，用硅酸根分析仪测其硅含量。加入掩蔽剂（草酸）可以防止水中磷酸盐和少量铁离子的干扰。

34. 测定浊度的工作原理是什么？

答：浊度是指悬浮物对光线透过时所发生的阻碍程度。样品中的悬浮颗粒物、胶体等物质对光线有散射或吸收作用，导致经过样品后的散射光线强度有所改变，而散射光的强度与样品中浊度在一定浓度范围内呈线性关系。

35. 测定 TOCi 的工作原理是什么？

答：水样通过过滤、消除干扰处理后，进入氧化装置。水中的有机物通过氧化装置发生反应，氧化装置的进出口设有电导率检测装置，采集的进出口电导率信号转化为电信号，计算出 TOCi 值。

36. 测定硬度的工作原理是什么？

答：在 pH=10 时，乙二胺四乙酸和水中的钙镁离子生成稳定的络合物，指示剂铬黑 T 也能与钙镁离子生成酒红色络合物，其稳定性不如 EDTA 与钙镁离子所生成的红色络合物。当用 EDTA 滴定接近终点时，EDTA 自铬黑 T 的酒红色络合物夺取钙镁离子而使铬黑 T 指示剂失去钙镁离子，溶液由酒红色变为蓝色，即为终点。

37. 水中的碱度是什么？如何分类？

答：碱度指水中能与氢离子中和的物质的总量。水的碱度分为酚酞碱度和总碱度，酚酞碱度是 pH 值终点为 8.3 时所测量的碱度，总碱度是 pH 值终点为 4.5 时所测得的碱度。

38. 摩尔法测定氯离子的工作原理是什么？

答：采用摩尔法测定水中的氯离子，以铬酸钾为指示剂，在中性或弱碱性条件下，用硝酸银标准滴定溶液进行滴定，硝酸银与氯离子反应生成白色沉淀氯化银沉淀，当有过量硝酸银存在时，则与铬酸钾反应，生成铬酸银砖红色沉淀，表示反应达到终点。

39. 测定总磷的工作原理是什么？

答：在酸性条件下，用过硫酸钾消解试样，将所含磷全部氧化为正磷酸盐。在酸性介质中，正磷酸盐与钼酸铵反应，生成磷钼黄后，立即被抗坏血酸还原，生成磷钼蓝蓝色的络合物。在一定浓度范围内，其吸光度与正磷酸根含量成正比。

40. 煤中水分对燃煤有什么影响？

答：在燃烧过程中，水分因蒸发、汽化和过热而要消耗大量汽化热。因此，煤中有效利用的热量随水分的增加而降低。水分含量过高，会使煤着火困难，影响燃烧速度，降低炉膛温度，增加燃料未完全燃烧热损失，同时使炉烟体积增加，从而增加了炉烟排走的热量和引风机的能耗。当水分大于 45% 时，燃烧无法进行。

41. 何谓煤的挥发分？为什么说挥发分测试是规范性很强的试验？

答：煤的挥发分是指煤的有机质在隔绝空气的条件下加热，在 900℃ 时进行 7min 热解所产生该温度下的气体产物。因为在测试过程中，任何测定条件的改变，都会使测定结果发生改变。如加热的温度、时间和速度，坩埚的材质、形状，甚至坩埚的尺寸等，因此煤中挥发分的测定是规范性很强的试验。

42. 煤的固定碳和煤的含碳元素有何区别？

答：煤的固定碳是工业分析组成的一部分，它具有规范性，是一定试验条件下的产物。而煤中所含的元素碳是煤中的主要元素。固定碳除含碳元素外，还含有少量硫和极少量未分解彻底的碳氢物质，因此，不能把煤的固定碳简单地认为是煤的碳元素，两者是截然不同的。

43. 试说明测定煤中灰分的意义。

答：煤的灰分越大，说明煤中矿物质成分越多，则煤的可燃组分就相对少，煤燃烧后所排出的炉渣就越多，即降低了锅炉燃烧的热效率并增加了锅炉的排渣量，还可能出现对锅炉的腐蚀、沾污和结渣等问题。总之，测定灰分可以了解煤中含不可燃成分的数量，并对评价煤质、煤炭计价、控制锅炉运行条件、防止环境污染以及灰渣综合利用等都有重要意义。

44. 测定煤粉细度有哪些注意事项？

答：（1）筛分必须完全，采用机械振筛时，要按照操作要求，振筛一定时间后刷筛底一次，以防煤粉堵塞筛网，导致测定结果偏高。

（2）筛分结束后，用软毛刷仔细轻刷底铜网，以免受损。

（3）使用的试验筛要定期核验，不合格者不能使用，筛网变松或框架变形时禁止使用。

（4）摆筛或取下摆筛时，忌用硬物敲打或撬开。

（5）不用时，应将筛盖、试验筛和筛底依次摆好，防止异物落入。

45. 使用氧弹及压力表有哪些安全注意事项？

答：（1）氧弹每年要进行一次不低于15MPa的水压试验，并保持5min无渗水现象。

（2）氧弹盖螺纹松动、滑扣或漏气时禁止使用。

（3）氧弹、压力表及其导气管禁止涂抹油脂物质，用于开启氧弹及氧气瓶的工具不得沾油脂物质。

（4）氧弹要缓慢充气，保持低压表上的指针慢慢上升，一般充氧时间不少于 0.5min。

（5）压力表每年应至少经计量机关检定一次。

46. 气瓶能不能放空？为什么？

答：气瓶不能完全放空，而必须有残余压力，理由如下：

（1）避免空气或其他气体、液体渗入气瓶中。

（2）便于确定气瓶中装的是何种气体，避免充错气体。

（3）气瓶中有残余压力，可检验气瓶和附件的严密性。

47. 测定水分为什么要进行检查性干燥试验？

答：用干燥法测定煤中水分时尽管对各类别煤规定了干燥温度和时间，但由于煤炭性质十分复杂，即使同一类别煤也是千差万别，所以煤样在规定温度和时间内干燥后，还需要进行检查性干燥试验，以确认煤样中水分是否完全溢出，直到恒重为止，它是试验终结的标志。

48. 什么是煤的灰分？

答：煤在（815±10）℃的温度下，其中所有可燃物完全燃尽，同时矿物质发生一系列分解、化合等复杂反应，遗留下残渣，这些残渣称为灰分产率通常称为灰分。

49. 什么是煤的挥发分？

答：煤样与空气隔绝，并在一定温度下加热一定时间，从煤的有机物中分解出来的液体和气体的总和称为挥发分。

50. 测定挥发分的原理是什么？

答：煤在（900±10）℃的温度下，隔绝空气加热 7min，其中有机物和一部分矿物质热解成为气体，包括常温下生成的液体溢出，使质量减少，失去的质量占煤量的百分数减去煤样的水分即为挥发分。

51. 测定挥发分为什么要对加热温度和时间作严格的规定？

答：加热温度和时间是影响挥发分测定的两个重要因素，特别是加热温度，煤的工业分析中明确规定：测定挥发分时，加热温度为（900±10）℃，加热时间为 7min，其中至少要有 4min 在此温度下，否则试验作废。试验证明：在 850～900℃的温度下，褐煤有 2%，烟煤有 1%～2%，无烟煤有 1% 以下的溢出量；加热时间 6min 的测定结果比加热 7min 偏低 0.33%，而 8min 比 7min 则偏高 0.17%。由此可见，加热温度和时间对测定结果都有影响。

52. 测定发热量的基本原理是什么？

答：氧弹热量计是按照能量守恒定律设计的，测热的基本原理是把一定量的试样放在预先标定好热容量并充有过量氧气的氧弹中燃烧。氧弹预先浸没在一定量的水中，用燃烧前后水温的差值来计算发热量。

53. 采取分析用油样应注意什么？

答：（1）在储油容器中采样时，采样部位由检验项目决定，一般应在污染可能性最大的部位采样。

（2）所有的取样装置、工具、油样瓶都必须清洁干燥，不得污染油样。

（3）在用油设备上采样时，应排掉死角处的油并用少量油冲洗取油瓶后再取样。

（4）取用于色谱分析及微水分析的油样时，可采用溢流法采样。取样时环境湿度应小于 70%。

54. 什么是油品的凝点？

答：油品在规定的条件下，失去流动性的最高温度称为油品的凝点。

55. 取色谱分析油样一般应注意什么？

答：（1）放尽取样阀中的残存油。

（2）连接方式可靠，连接系统无漏油或漏气缺陷。

（3）取样前应将取样容器、连接系统中的空气排尽。

（4）取样过程中，油样应平缓流入容器。

（5）密封设备在负压状态取样时，应防止负压进气。

（6）取样过程中，不允许人为对注射器芯施加外力。

（7）从带电设备或高处取样，应注意人身安全。

56. 测定油品中水溶性酸碱的注意事项有哪些？

答：（1）试样必须充分摇匀，并立即取样。

（2）所用溶剂、乙醇、蒸馏水都必须为中性。

（3）所用仪器都必须保持清洁、无水溶性酸碱等物质残存或污染。

（4）加入的指示剂不能超过规定滴数。

（5）pH 缓冲溶液应配制准确，且放置时间不宜过久。

57. 使用注射器做油（气）采样容器时应注意什么？

答：（1）一般选择 100mL 全玻璃注射器。

（2）选用时应通过严密性试验。

（3）使用前注射器应清洗干净并烘干。

（4）注射器芯能自由滑动、无卡涩。

（5）取样后，保持注射器芯的清洁，注意防尘、破损。

58. 测定油品闪点时有哪些注意事项？

答：所加试油的量要正好到线；点火用的火焰大小要合适；火焰距液面的高低及在液面上停留时间；升温速度要严格控制；若试油中含有水分，测定之前必须脱水；先看温度后点火；对测试结果进行大气压力校正。

59. 测定油品界面张力时应注意哪些事项？

答：试验前应将铂环和试验杯清洗干净；铂环和试验杯的尺寸和规格应该符合要求；试验采用中性纯净蒸馏水，试样按规定预先过滤；必须固定一个恰当的测试周期；保持测试环境、试样温度的恒定。

60. 滴定管使用前应做哪些准备工作？

答：（1）滴定管必须清洗干净。

（2）仔细检查有无渗漏情况。

（3）装入溶液前，先用蒸馏水清洗后用溶液清洗。

（4）先放出部分溶液，然后检查滴定管内是否存在气泡。

（5）调整液面至零点。

61. 在化学分析中，储存和使用标准溶液应注意什么？

答：（1）容器上应有详细说明标签。

（2）易受光线影响的溶液应置于棕色瓶中并避光保存。

（3）易受空气影响的溶液应定期标定。

（4）过期或外状发生变化的标准溶液不得使用。

62. 何谓油品的闪点？其闪火的必要条件是什么？

答： 在规定的条件下加热油品，随着油温的升高，油蒸气在空气中的含量达到一定浓度，当与火源接触时，在油面上出现短暂的蓝色火焰，还往往伴随轻微的爆鸣声，此现象称为油品的"闪火现象"。此时的最低油温称为油品的"闪点"。

油品闪火的必要条件是混合气体中的油蒸气含量必须达到一定的浓度范围。

第四章

计算题

1. 欲配制 250mL 0.1mol/L（$KMnO_4$）高锰酸钾溶液，需多少克 $KMnO_4$?（已知：K=39，Mn=54.94，O=16）

解：

$$m = \frac{c \times V \times M\left(1/5KMnO_4\right)}{1000}$$

$$= \frac{0.1 \times 250 \times \frac{1}{5} \times (39+59.94+16 \times 4)}{1000} = 0.79(g)$$

答：需 0.79g $KMnO_4$。

2. 试求 $FeSO_4 \cdot 7H_2O$ 中铁的百分含量。（已知：Fe=55.85，S=32，H=1）

解：

$$w = \frac{M(Fe)}{M\left(FeSO_4 \cdot 7H_2O\right)} \times 100\%$$

$$= \frac{55.85}{55.85+32+16 \times 4+7 \times (2+16)} \times 100\% = 20.1\%$$

答：铁的含量为 20.1%。

3. 配制（1+3）盐酸 400mL，应取多少毫升 HCl 和多少毫升水?

解：

$$V\left(HCl\right) = 400 \times \frac{1}{1+3} = 100(mL)$$

$$V\left(H_2O\right) = 400 \times \frac{3}{1+3} = 300(mL)$$

答：需要 100mL 盐酸和 300mL 水。

4. 已知某水样中的硬度为 2mmol/L（以 Ca^{2+} 计），那么分别以 Ca、CaO、$CaCO_3$ 计，硬度是多少（mg/L）?

答：以 Ca 计：$2 \times 40 = 80$（mg/L）

以 CaO 计：$2 \times 56 = 112$（mg/L）

以 $CaCO_3$ 计：$2 \times 100 = 200$（mg/L）

5. $HgCl_2$ 的溶解度在 18℃时是 6g，在 78℃时是 25g。若把 78℃的饱和 $HgCl_2$ 溶液冷却到 18℃时，析出了 38g 晶体，问此饱和溶液有多少克?

解：若有 78℃时的饱和溶液 25g，将其冷却到 18℃时，应析出 25g-6g=19g 的 $HgCl_2$，但现在析出了 38g 的 $HgCl_2$。

故饱和溶液的量应为

$$m(HgCl_2) = 25 \times \frac{38}{19} = 50(g)$$

答：原饱和溶液为 50g。

6. 把 4g 不纯的 NaOH 溶解于水并稀至 1L。为了中和 10mL 已配好的 NaOH 溶液，需 8.9mL 0.1mol/L HCl，问氢氧化钠的纯度为多少?（已知：Na=23，O=16，H=1）

解：
$$m_1 = 4 \times \frac{10}{1000} = 0.04 \,(g)$$

$$w(NaOH) = \frac{c_2 \times V_2 \times M_1}{m_1 \times 1000}$$

$$= \frac{0.1 \times 8.9 \times 40}{0.04 \times 1000} \times 100\% = 89\%$$

答：氢氧化钠的纯度为 89%。

7. 配制盐酸液（1mol/L）1000mL，应取相对密度为 1.18g/cm^3，含 HCl 37.0%（g/g）的盐酸多少毫升? [已知：M（HCl）=36.5g/mol]

解：
$$c(HCl) = \frac{\rho \times V \times w}{M}$$

$$= \frac{1.18 \times 1000 \times 37\%}{36.5} = 11.96(mol/L)$$

由 $c(HCl) \times V = c(HCl)_1 \times V_1$

则 $\qquad$ $11.96V=1 \times 1000$，解得

$$V=83.6\text{mL}$$

答：含 HCl 37.0%（g/g）的盐酸 83.6mL。

8. 称取 0.227 5g 纯 Na_2CO_3 标定未知浓度的 HCl 液，用去 22.35mL，试计算该 HCl 液的浓度。

解：化学计量反应式为

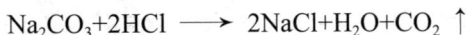

$$Na_2CO_3+2HCl \longrightarrow 2NaCl+H_2O+CO_2 \uparrow$$

$$1/2Na_2CO_3+HCl \longrightarrow NaCl+1/2H_2O+1/2CO_2 \uparrow$$

则

$$c\left(HCl\right) = \frac{m\left(Na_2CO_3\right)}{V\left(HCl\right) \times M\left(1/2Na_2CO_3\right)}$$

$$= \frac{0.227\,5}{\left(22.35/1000\right) \times \left(106.00/2\right)} = 0.192\,1\,\left(mol/L\right)$$

答：该 HCl 液的浓度为 0.192 1mol/L。

9. 加多少毫升水到 1000mL 氢氧化钠液（0.105 6mol/L）中，才能得到 0.100 0mol/L 氢氧化钠液。

解：设 X 为所加水的毫升数

$$c\left(NaOH\right) \times V\left(NaOH\right) = c\left(NaOH\right)_1 \times V\left(NaOH\right)_1$$

$$0.105\,6 \times 1000 = 0.100\,0 \times \left(1000+X\right)$$

$$X=56\,\left(mL\right)$$

答：加 56mL 水可以得到 0.100 0mol/L 氢氧化钠液。

10. 欲制备 0.1mol/L（$1/2H_2C_2O_4 \cdot 2H_2O$）草酸溶液，把 6.25g 草酸结晶溶于水稀释为 1L，求此溶液的准确浓度。

解：$\qquad$ $M\left(1/2H_2C_2O_4 \cdot 2H_2O\right) = \dfrac{126}{2} = 63\left(g/mol\right)$

准确浓度为

$$c = \frac{m}{M\left(1/2H_2C_2O_4 \cdot 2H_2O\right) \times V}$$

$$= \frac{6.25}{63 \times 1} = 0.099\left(mol/L\right)$$

答：此溶液准确浓度为 0.099mol/L。

11. 中和12mLNaOH溶液需要38.4mL 0.15mol/L的酸溶液，试求出NaOH溶液的摩尔浓度及12mL溶液中所含NaOH的克数。

解：（1）c（NaOH）$\times V$（NaOH）$=c$（HCl）$\times V$（HCl）

$$c（NaOH）\times 12=38.4\times 0.15$$

则 $$c（NaOH）=0.48mol/L$$

（2）m（NaOH）$=c\times V\times M=0.48\times 12\times 40\times 10^{-3}=0.23$（g）

答：氢氧化钠浓度为0.48mol/L，质量为0.23g。

12. 用EDTA测定水样的硬度值，已知所取水样为100mL，滴定终点消耗c（1/2EDTA）$=0.001$mol/L的EDTA溶液1.42mL，试计算被测水样的硬度（以$1/2Ca^{2+}+1/2Mg^{2+}$计）。

解：

$$c\left(1/2Ca^{2+}+1/2Mg^{2+}\right)=\frac{c\left(1/2EDTA\right)V\left(EDTA\right)}{V\left(H_2O\right)}$$

$$=\frac{0.001\times 1.42\times 1000}{100}\times 1000=14.2\left(\mu mol/L\right)$$

答：被测水样的硬度为14.2μmol/L。

13. 某澄清水样碱度测定中100mL水样，用酚酞做指示剂，消耗c（$1/2H_2SO_4$）为0.01mol/L硫酸标准溶液a=9.8mL，再以甲基橙为指示剂，又消耗b=5.3mL，求此水样组分含量。

解：因为$a>b$，所以水中只有OH^-和CO_3^{2-}碱度。

$$c\left[OH^-\right]=\frac{c\times V}{V_1}=\frac{0.01\times\left(9.8-5.3\right)\times 1000}{100}=0.45\left(mmol/L\right)$$

$$c\left[CO_3^{2-}\right]=\frac{c\times V}{V_1}=\frac{0.01\times 5.3\times 1000}{100}=0.53\left(mmol/L\right)$$

$$c\left[HCO_3^-\right]=0\left(mmol/L\right)$$

答：水样中c（OH^-）为0.45mmol/L，c（CO_3^{2-}）为0.53mmol/L，c（HCO_3^-）为0mmol/L。

14. 已配制硫酸标准溶液1000mL，经标定后其浓度为0.101 5mol/L，现浓度欲调整为0.100mol/L，需添加除盐水多少毫升?

解：
$$\Delta V = V\left(\frac{c}{0.100} - 1\right) = 1000 \times \left(\frac{0.101\ 5}{0.100\ 0} - 1\right) = 15\,(\text{mL})$$

答：需添加除盐水 15mL。

15. 根据有效数字规则写出下列计算结果：（1）54.842+17.31；（2）76.2÷47.24；（3）26.25+43.5；（4）32.2+25.65。

答：72.15，1.61，69.8，57.8。

16. 有一铜矿试样，经两次测定，得知铜含量为 24.87% 和 24.93%，而铜的实际含量为 25.05%。求分析结果的绝对误差和相对误差。

解：

$$\text{绝对误差} = \text{测定值} - \text{真实值} = \frac{24.87\% + 24.93\%}{2} - 25.05\% = -0.15\%$$

$$\text{相对误差} = \frac{\text{绝对误差}}{\text{真实值}} = \frac{-0.15\%}{25.05\%} \times 100\% = -0.6\%$$

答：分析结果的绝对误差和相对误差分别为 −0.15% 和 −0.6%。

17. 用 $KMnO_4$ 法测定工业硫酸亚铁的纯度，称样量为 1.3545g，溶解后在酸性条件下，用浓度为 $c\,(1/5KMnO_4)$ =0.099 9mol/L 的 $KMnO_4$ 溶液滴定，消耗 46.92mL，计算工业样品中 $FeSO_4 \cdot 7H_2O$ 的质量分数。

解：

$$w\left(FeSO_4 \cdot 7H_2O\right) = \frac{c\left(1/5KMnO_4\right) \times V \times M\left(FeSO_4 \cdot 7H_2O\right)}{m} \times 100\% = 96.24\%$$

答：工业样品中 $FeSO_4 \cdot 7H_2O$ 的质量分数为 96.24%。

18. 指出下列各数有效数字的位数 0.058、3.0×10^{-5}、0.098 7、510mg。

答：两位、两位、三位、三位。

19. 用滴定法测定纯 NaCl 中 Cl^- 质量分数，得到下列结果：

0.598 2、0.600 6、0.604 6、0.598 6、0.602 4。计算：（1）平均结果；（2）平均结果的绝对误差；（3）相对误差；（4）平均偏差；（5）标准偏差；（6）变异系数。

解：（1）平均结果

$$\bar{x}=\frac{\sum_{i=1}^{5}x_i}{5}=\frac{0.598\ 2+0.600\ 6+0.604\ 6+0.598\ 6+0.602\ 4}{5}=0.600\ 9$$

（2）理论 NaCl 中 Cl^- 质量分数为

$$x=\left(Cl^-\right)=\frac{M\left(Cl^-\right)}{M\left(NaCl\right)}=\frac{35.45}{58.44}=0.606\ 6$$

绝对误差为

$$E_a=\bar{x}-x\left(Cl^-\right)=0.600\ 9-0.606\ 6=-0.005\ 7$$

（3）相对误差

$$E_r=\frac{E_a}{x\left(Cl^-\right)}\times100\%=\frac{-0.005\ 7}{0.606\ 6}\times100\%=-0.94\%$$

（4）平均偏差

$$\bar{d}=\frac{\sum_{i=1}^{5}\left|x_i-\bar{x}\right|}{5}=\frac{0.002\ 7+0.000\ 3+0.003\ 7+0.002\ 3+0.001\ 5}{5}=0.002\ 1$$

（5）标准偏差

$$S=\sqrt{\frac{\sum_{i=1}^{5}\left(x_i-\bar{x}\right)^2}{n-1}}$$

$$=\sqrt{\frac{\sum_{i=1}^{5}0.002\ 7^2+0.000\ 3^2+0.003\ 7^2+0.002\ 3^2+0.001\ 5^2}{4-1}}=0.005\ 3$$

（6）变异系数

$$\eta=\frac{S}{\bar{x}}\times100\%=\frac{0.005\ 3}{0.600\ 9}\times100\%=0.88\%$$

答：（1）平均结果为 0.600 9；（2）绝对误差为 0.606 6；（3）相对误差为 -0.94%；（4）平均偏差为 0.002 1；（5）标准偏差为 0.005 3；（6）变异系数为 0.88%。

20. 某垢样中铁的质量分数测定结果为 20.39%、20.41%、20.43%。计算标准偏差及置信度为 95% 时的置信区间（$n=3$ 时，$t=4.303$；$n=2$ 时，$t=4.203$）。

解：平均结果

$$\bar{x} = \frac{\sum\limits_{i=1}^{n} x_i}{n} = \frac{20.39\% + 20.41\% + 20.43\%}{3} = 20.41\%$$

标准偏差

$$S = \sqrt{\frac{\sum\limits_{i=1}^{n}\left(x_i - \bar{x}\right)^2}{n-1}} = \sqrt{\frac{0.02^2 + 0.00^2 + 0.02^2}{3-1}}\% = 0.02\%$$

置信度为 95%，$n=3$，$t=4.303$ 时，置信区间为

$$\mu = \bar{x} \pm t\frac{s}{\sqrt{n}} = 20.41\% \pm 4.303 \times \frac{0.02\%}{\sqrt{3}} = 20.41\% \pm 0.04\%$$

答：分析结果标准偏差为 0.02%；置信度为 95% 时，置信区间为 20.41% ± 0.04%。

21. 测得某煤样低位发热量为 4560 cal/g，试用 J/g 表示该煤样发热量 $Q_{net,\ ad}$ 的测试结果 [1 国标卡（20℃）=4.1816J]。

解：$Q_{net,\ ad}=4560 \times 4.181\ 6 = 19\ 068$（J/g）

答：其结果是 19 068J/g。

22. 设煤样 $M_{ad}=1.67\%$，$A_{ad}=25.83\%$，$V_{ad}=22.54\%$，求 A_d 和 V_{daf}。

解：

$$A_d = A_{ad}\frac{100}{100 - M_{ad}} = 25.83\% \times \frac{100}{100 - 1.67} = 26.27\%$$

$$V_{daf} = V_{ad}\frac{100}{100 - M_{ad} - A_{ad}} = 22.54\% \times \frac{100}{100 - 1.67 - 25.83} = 31.09\%$$

答：A_d 为 26.27%，V_{daf} 为 31.09%。

23. 某煤样 M_{ad}=1.65%，A_{ad}=23.51%，V_{ad}=25.75%，求 FC_{ad} 和 FC_{daf}。

解：因为

$$M_{ad}+A_{ad}+V_{ad}+FC_{ad}=100$$

则 FC_{ad}=49.09%

$$FC_{daf} = FC_{ad} \frac{100}{100-M_{ad}-A_{ad}} = 49.09\% \times \frac{100}{100-1.65-23.51} = 65.59\%$$

答：FC_{ad} 为 49.09%，FC_{daf}=65.59%。

24. 测得煤样的 $Q_{gr,\,ad}$ 为 22 080J/g，M_{ad} 为 5.84%，试计算该煤样的 $Q_{gr,\,d}$。

解：$Q_{gr,d} = Q_{gr,ad} \dfrac{100}{100-M_{ad}} = 22\,080 \times \dfrac{100}{100-5.84} = 23\,449\left(\text{J/g}\right)$

答：该煤样的 $Q_{gr,\,d}$ 为 23 449J/g。

25. 某实验员测一煤样的结果如下：$Q_{b,\,ad}$=21 200J/g，$S_{t,\,ad}$=1.58%，H_{ad}=2.50%，M_t=5.80%，M_{ad}=1.50%，试计算 $Q_{gr,d}$ 和 $Q_{net,ar}$。

解：$Q_{gr,ad} = Q_{b,ad} - \left(94.1 S_{t,ad} + \alpha Q_{b,ad}\right)$

$\qquad = 21\,200 - \left(94.1 \times 1.58 + 0.001\,2 \times 21\,200\right) = 21\,024\left(\text{J/g}\right)$

$$Q_{gr,d} = Q_{gr,ad} \frac{100}{100-M_{ad}} = 21\,345\left(\text{J/g}\right)$$

$$Q_{net,ar} = \left(Q_{gr,ad} - 206 H_{ad}\right) \times \frac{100-M_t}{100-M_{ad}} - 23 M_t$$

$$= \left(21\,024 - 206 \times 2.50\right) \times \frac{100-5.8}{100-1.50} - 23 \times 5.80 = 19\,481\left(\text{J/g}\right)$$

答：$Q_{gr,d}$ 为 21 345J/g，$Q_{net,ar}$ 为 19 481J/g。

26. 某飞灰样测定其可燃物含量，称得试样重 1.00g，瓷皿重 15.001 2g，灼烧后，试样与瓷皿共重 15.98g，求飞灰可燃百分含量。

解：飞灰可燃物百分含量

$$\frac{(15.001\ 2+1.00)-15.98}{1}\times100\%=2.12\%$$

答：飞灰可燃百分含量为 2.12%。

27. 某一混煤由三种煤以 2∶2∶1 的比例复混配而成各单一煤中的挥发分含量（相同基准）为 20.32%、18.64%、9.47%，则该混煤的挥发分是多少?

解：

$$V=\frac{2}{5}\times20.32+\frac{2}{5}\times18.64+\frac{1}{5}\times9.47=17.48\%$$

答：该混煤的挥发分是 17.48%。

28. 某空气干燥基煤样为 1.235 2g，在 810℃灼烧至恒重减少了 0.826 5g 已知试样的 M_{ad}=2.00%，试求干燥基灰分产率。

解：空气干燥基灰分为

$$A_{ad}=\frac{1.235\ 2-0.862\ 5}{1.235\ 2}\times100\%=33.09\%$$

干燥基灰分为

$$A_d=A_{ad}\frac{100}{100-M_{ad}}=33.09\times\frac{100}{100-2.0}=33.76\%$$

答：干燥基灰分为 33.76%。

29. 某分析煤样质量为 1.234 6g，做挥发产率的测定，试样减少了 0.352 9g，同一种煤样做水分测定时质量减少了 0.058 0g，作灰分测定时质量减少了 1.014 5g，试求 V_{daf} 和 FC_{daf}。

解：
$$M_{ad}=\frac{0.058\ 0}{1.234\ 6}\times100\%=4.70\%$$

$$V_{ad}=\frac{0.352\ 9}{1.234\ 6}\times100\%-M_{ad}=23.84\%$$

$$A_{ad}=\frac{1.234\ 6-1.014\ 5}{1.234\ 6}\times100\%=17.83\%$$

$$V_{daf}=V_{ad}\frac{100}{100-M_{ad}-A_{ad}}=23.84\times\frac{100}{100-4.70-17.83}\times10^{-2}=30.77\%$$

$$FC_{daf} = 100 - V_{daf} = (100 - 30.77) \times 10^{-2} = 69.23\%$$

答：V_{daf} 为 30.77%，FC_{daf} 为 69.23%。

30. 根据下列试验记录，计算煤样的空气干燥基、干燥基灰分：试验时称取空气干燥煤样于灰皿中，试样质量为 1.003 0g，灼烧至恒重后称量为 16.506 0g，灰皿质量为 16.351 7g，空气干燥煤样的水分为 1.80%。

解：

$$A_{ad} = \frac{16.506\ 0 - 16.351\ 7}{1.003\ 0} \times 100\% = 15.38\%$$

$$A_d = A_{ad} \frac{100}{100 - M_{ad}} = 15.38 \times \frac{100}{100 - 1.80} \times 10^{-2} = 15.66\%$$

答：空气干燥基为 15.38%，干燥基灰分为 15.66%。

31. 试写出动力用煤煤质分析中常用测定项目的代表符号及常用单位。

答：M——水分，%；A——灰分，%；V——挥发分，%；FC——固定碳，%；S——硫分，%；Q——发热量，kJ/g 或 MJ/kg；C——碳含量，%；H——氢含量，%；N——氮含量，%。

32. 重复测定煤中水分时，第一个试样测得 M_{ad}=1.16%，第二个试样 M_{ad} 为 1.38%，补测第三个试样测得 M_{ad} 为 1.22%，问该煤样的 M_{ad} 是多少？若该煤样 A_{ad} 为 27.56%，V_{ad} 为 24.63%，问 V_{daf} 为多少？

解：（1）按国标规定，水分三次测定的极差为

$$1.38 - 1.16 = 0.22 < 1.2T\ (T = 0.2\%)$$

该煤样 M_{ad} 为

$$M_{ad} = \frac{1.16 + 1.38 + 1.22}{3} \times 10^{-2} = 1.25\%$$

（2）

$$V_{daf} = V_{ad} \frac{100}{100 - M_{ad} - A_{ad}} = 24.63 \times \frac{100}{100 - 1.25 - 27.56} \times 10^{-2} = 34.60\%$$

答：V_{daf} 为 34.60%。

参考文献

[1] 陈志和.电厂化学设备及系统.北京：中国电力出版社，2006.

[2] 刘海虹.大型火电机组运行维护培训教材：化学分册.北京：中国电力出版社，2010.

[3] 望亭发电厂.600MW超超临界火力发电机组培训教材：化学分册.北京：中国电力出版社，2011.

[4] 江亭桂.火力发电厂水处理.北京：中国水利水电出版社，2011.

[5] 李培元，周柏青.火力发电厂水处理及水质控制.3版.北京：中国电力出版社，2018.

[6] 郭新茹.火电厂水处理生产运行典型问题诊断分析.北京：科学出版社，2018.

[7] 杨广贤.火电厂烟气脱硫脱硝技术标准应用手册.北京：中国环境科学技术出版社，2007.

[8] 周菊华.火电厂燃煤机组脱硫脱硝技术.北京：中国电力出版社，2010.

[9] 杜雅琴.火电厂烟气脱硫脱硝设备及运行.北京：中国电力出版社，2014.

[10] 蒋文举.烟气脱硫脱硝技术手册.北京：中国电力出版社，2010.

[11] 薛建明，王小明，刘建民，等.湿法烟气脱硫设计及设备选型手册.北京：中国电力出版社，2011.

[12] 周根来，孟祥新.电站锅炉脱硫装置及其控制技术.北京：中国电力出版社，2009.

[13] 夏怀祥，段传和.选择性催化还原法（SCR）烟气脱硝.北京：中国电力出版社，2012.

[14] 段传和，夏怀祥.选择性非催化还原法（SNCR）烟气脱

硝.北京：中国电力出版社，2012.

[15] 王宏伟，刘晓光，郝秉清.湿法脱硫中脱白的系统设计及应用.环境工程，2018（36）：551–554.

[16] 郑建文.输煤系统事故案例分析.北京：中国电力出版社，2013.

[17] 何爱军.输煤系统反事故措施及案例.北京：中国电力出版社，2018.

[18] 帅伟，陈瑾，王临清，等.火电厂除尘技术如何适应新标准.Environmental Protection，2014（7）：55–57.

[19] 原永涛.火力发电厂电除尘技术.北京：化学工业出版社，2004.

[20] 刘建华，600MW 机组除尘器升级改造及效益评价.电力科技与环保，2015（2）：36–38.

[21] 要璇，俞亚昕.袋式除尘技术与装备发展探究.现代制造技术与装备，2017（6）：135–136.

[22] 胡明.浅析电袋除尘器滤袋的设计选型.电力科技与环保，2012，2（28）：42–45.

[23] 大唐国际发电股份有限公司.火力发电厂辅机集控岗位认证教材：试题部分.北京：中国电力出版社，2013.